수학과 문학의 만남

김상룡 지음

KYOWOO

서문

수학은 우리 인간세계를 설명하기 위한 필수적인 요소이다. 우리들 삶 곳곳에 시나브로 나타나고 공기와 물과 같은 그러한 존재이다. 인식하고자 한다면 누구나 쉽게 수학을 만나서 그 향기와 고운 빛깔을 느끼며 체득할 수 있을 것이다. 수학은 하나의 문화 인류 유산이다. 과거 수학자들은 삶에 대한 번민, 인류애를 바탕으로 세상에서 일어나는 다양하고 복잡한 상황을 수학을 사용해서 해결하고자 노력하였다. 그러한 결실로 오늘날 우리는 많은 혜택을 누리고 있다.

수학이라는 표현을 들으면 어렵고 복잡하며, 인간의 실질적인 삶과는 거리가 있다고 생각할 수도 있다. 하지만 수학은 이미 우리 삶에 지대한 영향을 미치고 있는 자연언어에 그 기초를 두고 있다. 수학은 수세기 동안 만들고 다듬어진 하나의 문화이다. 최근 수학은 이러한 문화로서 수용되고 활용되고 있다. 수세기 동안 다양한 상황에서 이루어지는 연산 행위, 크기를 나타내는 양과 관련된 용어와 활용, 도형과 관련된 용어와 활용, 시간을 분할하여 나타내는 미적분 관련 용어 및 개념들이 그렇다. 무질서 속에서도 의미를 부여하여 그것을 이해하려고 시도하는 그러한 근간으로 삼고자 한다.

문학가는 한 인간의 고뇌, 문제, 성장 등을 다루고 상상의 나래 속에서 그것이 실현된다고 여긴다. 이렇게 표현된 작품들 속에는 우리가 생각지 못한 수학의 세계가 자연스럽게 스며 있다. 아래에 있는 시 '꽃'과 같은 작품은 수학과 밀접한 관계가 있다.

4차 산업혁명 시대를 맞이하여 수학은 삶의 터전에서 강력하게 힘을 발휘하고 있다. AI. IoT, Big-data 등은 수많은 자료들이 디지털화되는 순간부터 수학의 실질적인 지배에 놓이게 된다. 이러한 시기에 수학의 외연을 넓히고 우리 삶에서 수학이 구체적으로 어떤 의미를 갖는지 알아보는 것은 매우 의미 있고 가치 있는 일이다.

아래 아름다운 시 한편을 감상해 보자. 김춘수 시인의 “꽃”이다.

꽃

김춘수

내가 그의 이름을 불러주기 전에는
그는 다만
하나의 몸짓에 지나지 않았다.

내가 그의 이름을 불러 주었을 때
그는 나에게로 와서
꽃이 되었다.

내가 그의 이름을 불러준 것처럼
나의 이 빛깔과 향기에 알맞은
누가 나의 이름을 불러다오.

그에게로 가서 나도 그의 꽃이 되고 싶다.

우리들은 모두
무엇이 되고 싶다.

너는 나에게 나는 너에게
잊혀 지지 않는
하나의 눈짓이 되고 싶다.

수학은 공리, 공준, 정의로부터 시작된다. 공리는 모든 수학체계의 필수적인 토대이다. 공준은 어떤 특정 영역을 학습하기 위한 전제조건들이다. 그리고 존재하는 그 무엇을 의미로 삼고 정의를 내린다. 이 정의를 바탕으로 연역적 추론을 적절히 하여 수학 공식이나 원리, 성질 등에 대해 밝힌다. 이렇게 수학 학문이 전개된다.

이러한 맥락에서 '꽃'은 수학을 행하는 가장 기초적이면서도 핵심적인 사항을 노래하고 있다고 볼 수 있다. 아름다운 하나의 시가 창의력의 모태가 된다. 무미건조하게 느껴지는 수학이 아름다움과 연결되어 수학적 상상력의 보고가 된다. 수학이 아름다울 수 있음을 충분하게 보여준다. 특정한 세계의 통찰을 통해 아름다움은 다른 학문으로 고즈넉하게 전이된다.

수학에서 자연수를 정의하는 전형적인 하나의 방법을 소개하려고 한다. $\varnothing$는 집합에서 원소를 갖지 않는 공집합을 의미한다. 그러나 $\varnothing$을 원소로 갖는 집합을 고려하자. 즉 우리 각자가 의미를 부여하는 것으로 { }를 대응하면, 집합 $\{\varnothing\}$은 $\varnothing$을 원소로 갖는 집합이 되어 원소 하나를 갖는, 곧 '1'과 대응된다. 이것으로, 아무런 의미도 원소도 없는 존재에 대해 이성적으로 의미를 붙이면, 곧 꽃이라는 이름을 명명하는 순간, 각자의 마음에서 의미가 된다는 것을 쉽게 알 수 있다. 세상의 지식을 구성하는 주체자는 개인이다. 개인은 자신의 존재를 근간으로 의미를 태동시키고 발달시킬 수 있는 유일무이한 존재이다. 이것을 토대로 한 발 더 전진하여 나아가 2는 $\{\varnothing, \{\varnothing\}\}$가 대응된다.

학문의 끝에는 분류라는 개념 정착 단계가 있다. 이것은 이름을 붙이는 명명 작업이 얼마나 대단한 일인가를 보여주는 좋은 사례일 것이다.

본질적이며 순수하면서 축약된 표현의 생명을 지닌 기호와 그 기호를 연결하여 보다 강력하게 만드는 수식의 세계는 아름다움을 추구하는 대표적인 인간의 산 역사이고 발명품들이다. 문학 또한 인간의 내·외면의 아름다움과 조화, 이상을 실현하는 강력한 그 무엇이다. 문학과 수학은 서로 영향을 미치며 발전해 나간다. 과거에도 그러하였고, 현재에도 진행 중이며, 미래에는 더 강력한 끈끈함을 유지할 것이다.

보이지 않는 그것에 의미를 부여하여 논리를 완성시킨 '0'의 발견과 활용 아이디어는 수많은 문학작품과 전형적인 인간의 모습을 작가의 상상으로 탄생시키게 된다. 이것이 생명의 씨앗이 되어 '0'처럼 등장하고 성장하게 된다. 모든 수의 출발이며 공통성을 상징하고 추구하되 조화를 이루고자 노력하는 '1', 이것은 작가의 한 인격과 개성으로서 인간의 완성을 꿈꾸듯, 모두가 소중한 하나, 하나의 존재자를 형성하는 삶의 여정을 농밀하게 표현한다. 남녀노소의 고유성과 평등의 추구과정, 인종차별 타파를 통한 사람들의 애환과 갈등, 소외받는 이들에 대한 진정한 삶의 보장 등을 포함하여 살아있는 생명체들의 소중함에 대한 진솔한 애기들, 나아가 환경 및 무생물, 자원 등에 대한 의미를 보다 진지하게 지각하게 하는 것들이 수학의 '1'의 외연을 확장시킨다. 또, 이것은 인간의 내면에서의 완성을 추구하는 것과 맥을 같이 한다고 할 수 있다.

동전의 양면처럼 수학과 문학은 뗄 수 없는 관계를 형성한다. 이는 선·후의 관계도, 주·종의 관계가 아니다. 서로 독립적인 유기체로서 각자의 기능을 충실하게 수행하면서 필수적인 존재로 거듭나고 성장한다.

우리들은 생활하면서 수많은 의사결정을 한다. 주어진 상황에서 적절한 판단을 어떻게 하고 문제해결과정에서 의사결정을 어떻게 하느냐에 따라 결과가 달라진다. 즉 일상의 상황을 수학적으로 고찰하고 문제를 해결하며 합리적인 의사결정 과정에서 수학적 사고를 한다. 실제 우리는 통합적이고 고차원적인 사고 능력이 요구되는 상황이나 수학적 원리를 창의적으로 적용해야 하는 상황을 접하게 된다. 하지만, 단순 계산에 길들여진 학생들은 실 맥락 속에서 문제를 발견하고 적절한 해결 전략을 구성하는 것을 상당히 어려워한다. 이러한 문제를 해결하기 위한 하나의 방안으로 수학적 사유를 근간으로 하되 인간이 중심이 되는 창의·융합 교육을 적극적으로 전개해 나가야 할 필요가 있다.

수학과 문학이 서로에게 호감을 갖고 나란히 나들이를 나갔다. 수학이 먼저 문학에게 말을 걸었다. "문학아! 내가 너에 대해 수학적 탐구를 한 번 해 볼게, 진지하게 들어 주렴!." 문학이 수학에게 대꾸한다.

"수학아, 그래 네가 먼저 나에 대해 너의 생각을 온전하게 전한다면, 나도 수학 너에 대해 문학적 감상을 한 번 시도해 볼게. 그래서 우리 서로를 좀 더 알아가고, 우리 둘 모두가 성장하고 행복한 미래를 가꾸어 보도록 해 보자."

자! 이제 수학과 문학이 나들이를 하면서 주고받는 그들만의 애기 보따리를 펼쳐 보자.

목차

제2부 문학이 수학에게 (하는 이야기)

수들의 향연 관련 도서 소개

제1부

수학이 문학에게 (하는 이야기)

제1장

천 년의 침묵

우리는 직각삼각형 공식을 피타고라스라는 사람이 만든 것으로 알고 있다. 이 소설은 널리 알려진 이 피타고라스의 정리를 피타고라스가 최초로 발견한 것이 아니라는 도발적 전제에서 출발한다. 소설에서는 이미 천 년 전에 바빌로니아에서 밝혀졌다고 널리 알려진 진리를 자신의 업적으로 삼기 위해 제자까지 죽이는 스승의 몰락 과정이 자세하게 전개된다. 그리고 지식이 권력과 결탁했을 때의 부패상이나 무리수로 상징되는 절대무한 진리(∞)에 대한 현자의 욕망이 수준 높게 그려지고 있다. 살인범을 쫓는 추리 소설적 구성에 스승의 아내와 제자의 불륜이나 존경받는 현자의 동성애와 욕망 등 기원전 6세기의 아카데미와 폴리스의 모습이 작가의 눈을 통해 생생하게 묘사되어 있다. 작가는 그리스 일대를 탐방하며 당시의 역사적 상황에 상상력을 가미하여 수학적 '정보(무리수에 얽힌 비극)'를 인문학적 '성찰'로 승화시켰다. 이 작품은 새로운 영역을 만들고 재미와 교훈을 줌과 동시에 수학 발달의 역사에 대한 상식을 넓힐 계기를 마련하기에 충분하다고 여겨진다.

이 작품에서 논의되는 수학 관련 내용을 자세히 살펴보면 다음과 같다.

첫째, 이 소설이 무리수의 발견을 소재로 쓰여 진 만큼 소설에는 수에 대해 다양하게 소개되어 있다. 먼저 유리수에 대해서'만물은 수이다.', '유리수는 유한소수 또는 순환하는 무한소수'라고 설명한다. 0에 대해서는'0의 발견은 수 체계의 혁명과도 같은 일이며, 0은 존재 없음의 숫자이거나 무로 착각할 수도 있으나 음의 정수와 양의 정수 사이의 엄연한 정수'라고 하였다. 또, 도형수인 삼각수, 60진법의 발견 및 진법전환공식에 이어 제곱해서 2가 되는 수로 마름모에서 직각을 낀 두 변의 길이가 1일 때 빗변의 길이는 $\sqrt{2}$라는 사실을 표기된 60진법을 구체적으로 제시하고 있다.

둘째, 수의 고유한 특성과 이로부터 나타나는 차원과 기하학에 관한 소개이다. 먼저 수의 고유한 특성으로 1은 모든 수의 생성원이며, 2는 최초의 짝수, 3은 조화의 의미를, 5는 여성수와 남성수의 합에 해당되어 결혼을 의미하며, 10(1+2+3+4=10으로 삼각수에 해당)은 테트라크티스라고 하여 가장 신성한 수라고 설명하고 있다. 그리고 차원과 기하학에 관한 내용으로 삼각수와 관련하여 점은 0차원에 해당하며, 점과 점을 이은 선은 1차원의 세계를, 평면은 2차원을, 4는 4면체로 3차원세계를 나타낸다고 설명한다. 그리고 기하학은 관념의 학문이 아니라 손으로 만지고 눈으로 보고 그것이 실생활에 어떻게 쓰일까 연구하는 학문이라는 속성을 갖는다고 밝히고 있다.

셋째, 이 소설에서는 수학이 수학에 갇혀 있는 것이 아니라 타 영역과 밀접함을 보여주고 있다. 음악과 수학의 연관성을 이야기하며 '영적인 음악 이해자가 수학자'라고 말한다. 당시 피타고라스는 대장

간의 망치소리를 들으며 음률을 발견하면서 3:2인 비는 화음이며 다른 비는 불협화음을 이룬다고 설명한다. 이 소설에서는'현재 일어나고 있는 일들을 반성하고 분석하는 자세가 철학도의 본분'이라고 설명한다. 수학도 그러한 연장선상에 있다고 할 수 있다. 가설이 하나의 이론이 되려면 갖가지 방법으로 회의해 보고, 대입과 증명을 통한 검증하는 과정이 필수'이며'스승은 진리에 도달하는 길을 열어주시는 분일 뿐'이라는 것을 제시하고 있다.

이 외에도 이 책 전반에는 논리문제, 방정식(해석), 피타고라스 정리라는 수학세계를 음미하는 계기가 마련되어 있다.

첫 번째 이야기, 수의 간략한 역사

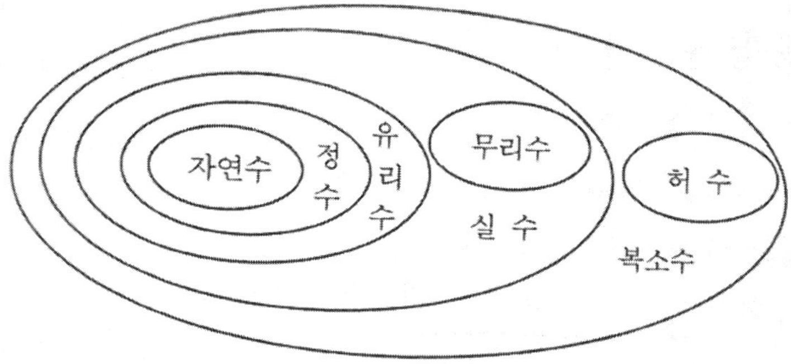

[그림] 수의 체계

자연수는 신이 만든 수이며, 유리수는 자연수의 비로 나타내며 유한소수 또는 순환하는 무한 소수로 표현 가능한 수이다. 유리수에 대한 사칙연산은 닫혀있으며, 유리수 범위 내에서 연산의 최종 결과는 단 하나의 유리수로 귀결된다. 자연수와 자연수의 비로 만드는 유리수(유한소수, 순환하는 무한소수)는 우리 인간이 지각할 수 있는 시각화·구체화 시킬 수 있는 유한 세계를 나타낸다.

그러나 무리수는 다르다. 소설에서도 밝혀졌듯이 마름모의 세계에서 직각을 포함하는 2개의 변의 길이가 '1'에 해당하면 그 빗변의 길이는 시각적으로 나타나지만, 이를 어떤 수(자연수)의 비로 나타내는 것은 불가능하다. 정오각형에서 비롯되는 PHI인 황금비도 역시 마찬가지이다. 무리수는 순환하지 않는 무한소수로 무리수들의 연산 결과는 하나 이상의 수로 표현되어 하나의 수로 합칠 수 없다.

이에 대해 조금 더 상세하게 밝혀보자. 자연에 존재하는 가장 기본적인 것을 1로 정하고, 1에다 1을 더하여 2로, 하나씩 늘여가면서 3, 4, ... 9까지 이르렀다. 사람의 손가락이 열 개이기에, 9에 하나를 더하여 10(이는 열 개 묶음이 하나, 낱개가 없다는 의미)이라 쓰고, 점점 이러한 체계를 환성시켜 나가는 것을 10진법이라 하며, 자연수(natural number)라고 한다. 없음을 나타내는 '0'을 포함하면 범자연수(whole number)가 된다.

덧셈의 가역적인 뺄셈을 실행하게 되면 자연스럽게 만나는 것이 부족하다는 의미인 음수, 어떤 기준보다 아래에 있는 경우로 ― 물의 경우 액체가 아닌 고체인 얼음이 되는 그러한 온도를 영하라고 하는 것과 같은 이치 ― 를 수에 포함시킨다. 곧 우리는 수의 체계에 음의 정수, 0, 자연수를 포함하여 정수(integer)라 한다.

그러나 정수(양수와 음수가 0을 중심으로 통합된 수의 체계)는 방정식 $8x-1=4$의 근을 구하는데 충분하지 않다. 근 $\frac{5}{8}$은 분수(유리수)이다. 이는 자연수의 비에 해당되며, 자연수는 신이 만들었지만 유리수(rational number)는 인간이 만든 것이 된다. 이렇게 하여 수의 체계에 유리수를 포함시킨다. 1보다 작은 수의 십진법 표현으로 나타내는 소수를 받아들이면, 유리수는 유한소수 또는 순환하는 무한소수가 된다.

그러나 유리수조차 우리의 욕망을 충족시키지 못한다. 가령 방정식 $x^2-2=0$의 해는 2의 제곱근 즉 $\sqrt{2}$이다. 그런데 이 수는 유리수가 아니다. 방정식 $4x^3-7x+11=0$의 근 역시 유리수가 아니다. 곧 이 해에 해당되는 수는 순환하지 않는 무한소수로 나타내어지며 이를 무리수(irrational number)라 한다. 이렇게 방정식과 함께 수를 확장할 수 있다.

자연수, 정수, 유리수, 무리수를 모두 망라한 것을 실수(real number)라 한다.

이렇게 하면 수의 확장은 마침내 끝나는 것인가? 아니다. 우리가 확장해온 수의 범위에서조차 간단한 방정식 $x^2+1=0$은 근을 가지지 못한다. 실수의 제곱은 항상 0보다 크거나 같으므로 방정식 $x^2=-1$의 실수 근은 존재하지 않는다. 어쩌면 좋을까? 그리하여 우리는 새로 기호 i를 고안하게 되고, 오일러와 알렘버트가 한 것처럼 i를 −1의 제곱근인 $\sqrt{-1}$ 이라고 간단히 정의하게 된다. $i^2=-1$이므로 우리는 방정식 $x^2=-1$의 근 i를 구할 수 있다.

원래 숫자 i는 가상적 수라는 뜻을 가진 것으로 오늘날에도 허수(imaginary number)라고 불린다. 하지만 수학의 추상성이 더욱 고도화 되면서 그런 수가 실재한다는 것은 이미 오래전에 밝혀졌다. 사실상 많은 다른 수학적 구조들도 따지고 보면 가상의 모래성 위에 구축된 것이다. 허수 역시 그 정도로만 가상적이지 여타 수학적 구조보다 특별히 더 가상적이거나 덜 가상적인 것이 결코 아니다. 허수는 크기 순서를 정할 수 없다. 그래서 허수는 무엇을 비교한다든지 측량하기에는 실제로 적합하지 않은 수이다. 하지만 허수는 실수와 동일한 산술법칙에 따르고 다양한 물리학 법칙이나 명제들을 놀라울 정도로 자연스럽게 만드는 위력을 가지고 있다. $a+bi$(a, b는 실수) 형태를 가진 수의 집합은 실수를 부분계로 포함하는 '복소수계'를 구축한다. 두 복소수 $3+5i$ 와 $6-2i$의 합은 $9+3i$로 정의된다. 뺄셈도 이와 유사하게 정의된다. 반면에 곱셈과 나눗셈은 $i^2=-1$이라는 사실을 이용한다. 이렇게 확장된 수의 체계가 주어지면, $x^2+1=0$은 복소수((complex number) 범위에서 근을 가진다. 뿐만 아니라, 복소수계 아래에서 우리는 마침내 "모든 대수방정식은 복소수 범위에서 근을 가진다."는 소위 대수학의 기본 정리(fundamental theorem of algebra)도 증명할 수 있게 된다. 복소수 범위 안에서는 2차방정식(변수가 제곱인 방정식)은 2개의 근을, 3차방정식은 3개의 근을, 4차방정식은 4개의 근을, 그리고 일반적인 N차(변수가 N제곱)의 다항 방정식은 반드시 N개의 근을 가진다.

비록 초기에 허수를 고안했던 사람들은 단지 형식적으로 그리고 자신의 연구에 도움이 되는 가벼운 도구 정도로 허수를 간주했지만, 곧 다른 사람들이 삼각함수와 지수함수의 정의역을 복소수 범위로까지 확장했다. 그리하여 그 확장을 용이하게 할 목적으로 해석학(미적분학, 미분방정식, 그리고 관련 분야)을 창출했다. 특히 허수를 지수로 갖는 수에 관심이 집중되었다. 그 결과 수학에서 가장 눈에 띄는 공식 가운데 하나인 $e^{\pi i}=-1$ 을 탄생시켰다. (e는 자연로그의 밑수) 이 공식을 $e^{\pi i}+1=0$ 꼴로 바꾸면, 하나의 방정식 속에 수학에서 자장 중요한 5가지 상수가 모두 들어간다.$(e,\pi,i,1,0)$ 복소평면(x+yi에서 실수 x와 허수 yi로 이루어지는 좌표평면)에서의 다양한 연산에 관한 기하학적 해석 기법을 포함하여, 복소수를 다루는 기술은 꾸준히 진보하였다. 그리고 이 같은 기술적 진보는 전자기 이론과 같은 자연과학으로 이어져 이미 필요불가결한 수가 되어버린 복소수를 인간과 더한층 친숙하게 만들었다. 또한 그 진보와 발달은 추상대수학의 발전을 자극했고, 특히 벡터해식학과 4원법(quaternious) 분아의 빌전을 크게 촉진시켰다.

무수히 많은 참다운 진보가 가상의 실체를 적극적으로 사고하는 정신에서 나왔다고 할 때, 허수 i는 그 상상력의 위대한 힘을 생생히 증명하고 있다. 현실적 근거와 상상력이 빈곤하기 그지없는 무수한 유추를 통해(연역적인 방법으로) 정교한 이론 체계를 세워왔던 일부 신학자들은 이제부터 마음을 고쳐먹어야 할 것이다.

피타고라스 당시에 무한은 신의 영역에 속해 있었다. 그것이 인간의 지각에 의해 밝혀지는 것은 매우 위험천만한 일이었을 것이다. 이는 현재도 통하는 이야기이다. 우리는 인간 발달 단계를 고려하여 학생들을 교육한다. 수학 교육도 마찬가지로 인간 발달 단계에 따라 초등학교 학생들에게는 유리수를, 중학교 이상의 학생들에게는 무리수를 가르친다. 초등학생이 선행을 해서 중등 이상의 과정을 학습하게 되면 가치관의 혼란이 초래될 수밖에 없다. 왜냐하면, 학습자 본인이 지각한 하나의 수로 귀결되지 않는 수의 특성 때문이다. 간단한 이런 사실들에 대해, 학생들은 기성세대로부터 최종 결과로서 수용하고 암기하여 당연한 듯 받아들이지만 의심은 가지게 된다.

이러한 의미에서 무리수는 인간의 지각을 넘어 무한의 세계의 표상이자 무한을 품은 세계의 조망이다. 또한 막연히 커지는 것으로서 무한대(∞)가 아닌 어떤 특정한 값에 한없이 다가가는 무한소이다.

[그림 1] 우주의 모습

(자료출처: 내셔널 지오그래픽)

우주의 크기가 무한대라면 인간의 마음은 무한소에 해당되는 세계이다. 이 두 개의 세계는 쌍체의 모습을 띤다. 무한대의 역수는 0에 가까운 무한소이며, 무한소의 역수는 무한대에 해당하니 말이다. 그래서 인간의 마음의 세계가 밝혀지면 우주의 크기가 그만큼 상대적으로 확장된다. 그 역 역시도 마찬가지의 원리로 작동된다.

두 번째 이야기, 0과 1, 이야기

'1' 이야기

1은 이집트 상형문자로 l(수직막대기 또는 한 획)을 의미하고 한자로는 一, 그리스 로마자 Ⅰ, 아라비아 숫자 1은 서 있는 인간의 모습을 형상화한 것이다. 있는 것에 의미를 최초 부여한 것, 시작의 의미, 전체를 의미하는 기호이기도 한다.

"수의 신비와 마법"에 의하면, 1은 모든 수에 깃들어 있다. 모든 수의 공통적 척도인 1은 모든 수를 자신 안에 통일시켜 담고 있지만 저마다의 다양성은 배제한다. 1은 언제나 자신과 동일하며 변하지 않는다. 따라서 1은 제곱해도 결과는 다시 1일 뿐이다. 1은 나누어질 수 있다. 하지만 나누어짐으로써 1은 부분이 아니라 새로운 단일성으로 된다. 이러한 단일성 가운데 어느 것도 1이라는 전체로서의 단일성보다 크거나 작지 않다. 모든 최소 부분은 다시 전체성을 지닌 단일 그 자체가 되는 것이다.

"숫자의 비밀"에서 1과 관련한 몇 가지를 소개하면 다음과 같다.

- 1은 모든 숫자의 출발점이자, 모든 존재의 기원이기도 하다.
- 1은 누구에 의해 만들어진 숫자가 아니지만, 모든 것을 만들어낸다.
- 1에는 신의 비밀 같은 어떤 절대성에 대한 권리가 주어진다.
- 사람들은 1은 생명유지를 가능하게 해 주는 빛이나 화신의 태양과 자주 비교한다.

- 원 모양을 띠고 있는 황도 역시 1이라는 숫자를 연상하게 만든다.
- 중국인들은 1을 모든 존재의 원리가 되는 도에서 비롯됐다고 이야기 한다. 그들은 "도는 1을 탄생시켰고, 1은 2를, 2는 3을, 3은 만물을 창조하였다."라고 말한다.
- 1은 최초의 숫자 언어로서 일치를 의미한다. 1은 일치, 하나, 일체된 하나, 유일한 것, 무시간적인 것이다.(칼 구스타프 융)
- 1은 모든 사물의 원리이다.(필로라오스)
- 사람들은 모든 사물의 총체라고 명명하는 것은 오직 하나의 유일한 존재, 즉 1이다. 1은 곧 신이다.(크세노파네스)

그리고 1의 수학적 독특성은 다음과 같다.

- 1은 다른 어떠한 수로도 나누어떨어지지 않는 유일한 수이다. 또한 모든 수는 자신에 의해 나누어떨어진다.
- 1은 모든 수를 나누어 떨어뜨리는 유일한 수이다. 곧 모든 수는 1로 나누어떨어진다.

모든 숫자의 상징학은 최우선적으로 '1'을 다룬다. 1은 다른 숫자들의 근원이 되는 것으로, '1'은 모든 존재의 근원이자 출발점이다. 1이 쪼개지고 펼쳐질 때에, 즉 1이 분화의 과정을 거칠 때에 비로소 사물들－그리고 다양한 숫자들이 그 형태를 갖추게 된다.

신이 자연수를 만들었다고 한다. 최초의 하나만 있고 동일한 것을 반복하면 2, 3, 4, ... 로 점점 더 커지며 모든 자연수를 만들고 활용할 수 있다. 그래서 첫 출발로서 1은 매우 중요하며 모든 일들의 핵심이라 할 수 있다.

다음 그림 속에서 하나 곧 '1'에 해당되는 것을 찾아보시오.

다수의 사람들은 위의 그림을 보고 사자나 호랑이, 하마 같이 단독으로 존재하는 것들에 대해서만 하나'1'이라고들 한다. 다음 2는 오리 두 마리의 장면을, 5는 다섯 마리 양의 그림에 해당한다고 말이다. 그렇다면 2는 어떻게 만들어 지는가? 독립된 하나와 하나가 있어야 둘이 된다는 것은 자명한 사실이다. 5 역시 마찬가지이다. 각 양 한 마리가 다섯 모여 5가 된다. 곧 개별 양은 하나'1'에 해당된다. 곧 **이 그림에서 독립적으로 존재하는 그 무엇들은 모두 하나'1'에 해당된다고 볼 수 있다**.

이와 같이 인간에 '1'을 적용해 보자. 남녀, 노소, 귀천 등을 사상한 소중한 인격체로서 곧 개인의 주체로서 살아갈 존재로서 1이다. 그렇기에 이'1'에는 인정과 조화가 함께 존재한다.

이러한 이상을 실현하기 위해 수많은 문학작품에서는 많이 표현하고 상상하고 실천하였다. 성경 구약의 유다인들이 온전한 1이었다면 신약은 세상 모든 사람이 1이 되어가는 과정이라 볼 수 있다. 시민혁명, 노예 해방, 여성 인권 운동, 장애자 정책, 다문화를 포함한 소수자정책 등도 이러한 인간으로서 하나'1'의 외연확장이며 실질적인 온전한 하나'1'이 되어가는 과정들이었다고 볼 수 있다. 나아가 애완동물과, 식물들도 마찬가지이다.

숫자 1이 가지는 또 다른 의미를 단순히'수'라는 개념에 국한시켜서 생각하지 말고 우리가 살아가는데 어떻게 적용해 볼 수 있는지 생각해 보았다. 내가 생각한 숫자 1의 또 다른 의미는 '포용'일 수 있다는 생각이 들었다. 숫자 1을 떠올렸을 때 나 자신만을 아끼고 사랑한다는 의미로써 해석할 수도 있지만 더 넓게 확장시켰을 때 한 사람 한 사람을 합쳐 둘이 되면'하나'가 될 수 있다. 또 이 두 사람을 합치고 합치고 또 합친다면 우리 인류 공동체를 아우를 수 있는 숫자가 될 수 있겠다는 생각을 했다. 또 다른 관점에서 보면 조부모, 부모, 자식들이 모두 합쳐져 하나가 되어 가족이라는 의미도 '1'로 설명할 수 있을 것이다. 숫자 '1'은 단순하게 하나의 개체로 존재 할 수도 있지만 더 큰 관점에서 보면 포용의 개념과 사랑의 개념도 가지고 있음을 알 수 있다. 각 개체가 서로 다른 생각을 가지고 있고 개성도 각각 다 다르겠지만 조금만 더 이해하려고 노력한다면 하나의 큰 공동체를 포용할 수 있을 것이라는 생각이 들었다.

하늘의 별들은 지구에 사는 우리들의 눈에는 아주 작고 반짝거리는 빛이다. 하지만 실제로 별은 대다수가 지구의 몇 억 배, 몇 조 배의 매우 크고 빛나고 뜨거운 항성들이다. 이와 비슷한 맥락에서, 나는 1은 그냥 스쳐 지나가면 보이지 않을 정도로 작은 숫자이지만, 모든 것을 담고 있는 수라고 생각한다. 1은 만물의 압축이다. 이 세상을 이루고 세상에 존재하는 모든 물질과 개체(organism)들을 인식하고 탐구하려면 일단은 장미꽃 한 송이, 토끼 한 마리, 물 분자 하나, 산소 원자 하나를 들여다보며 그 '1'에서 전체의 특성을 탐구해간다.

'0' 이야기

"0부터 무한대까지-무엇이 수를 흥미롭게 만드는가(Constance Reid)"의 내용을 소개하면 다음과 같다. 0은 무한히 많은 모든 수를 표현할 수 있게 하는 열 개의 아라비아 숫자 중 첫째 숫자이다. '수 0'은 '없음'을 나타내는 추상적 개념이며, '숫자 0'은 이를 나타내는 기호이다. 알다시피 비록 수 중 첫째로 꼽지만 마지막으로 발견되었다. 주산의 주판알이나 산판에서 매듭을 사용했기 때문에 없는 것을 기호로 나타낼 필요성이 없었다. 그래서 어느 누구도 없다는 개념을 나타내려 하지 않았다. 수많은 철학자들인 동시에 수학자인 피타고라스, 유클리드, 아르키메데스, 그리스 사람들도 시도하지 않았다.

인도에서 없음 또는 공(空)에 대한 기호 발명(인도인들은 알이 없는 열을 의미하는 슈냐(sunya)로부터 기원되고)의 동기를 얻고, '아라비아' 표기법으로 하나의 기호의 이름(시프르 : sifr)으로 확인되었다.

'0'은 연산과 관련지을 때 다소의 문제점이 발견된다. 덧셈에 대한 항등원으로서의 0, 곱셈에서는 모든 수를 자신으로 만드는, 곧 $0 \times x = 0$이 된다. 그러나 다음의 0과 관련한 3가지 나눗셈을 고려해 보자. "$0 \div 1 = ?$, $1 \div 0 = ?$, $0 \div 0 = ?$"의 문제로, 첫 번째는 그 결과가 0으로 '의미 있음'을 두 번째는 불능으로 '의미 없음'을, 세 번째는 답이 무수히 많은 '부정'의 의미를 갖게 된다. 이 부정의 의미를 수학자들이 받아들이는 데 수 세기가 걸렸으며, 이를 인식한 후에야 수학자들은 이 '0'을 정복하게 되었다는 사실이다.

나아가 현대 수학이 집합적 사고를 기반으로 할 때, 집합의 개수가 없는 그러한 단 하나의 공집합($\varnothing$)을 의미하기도 한다. 이러한 관점에서 0은 유일한 성질을 가지며 더욱 중요한 의미를 수학에서 가지게 된다. 나아가 '0은 모든 수로 나누어떨어질 수 있는 유일한 수이고, 다른 어떠한 수로도 나누어 떨어뜨릴 수 없는 유일한 수이다.'

0^0의 값은?

어떤 0이 아닌 a의 0승, 즉 $a^0=1$, (a≠0) 이다. 반면 밑수가 0인 몇 승의 경우, 곧 $0^a=0$, (a≠0)이다. 부분적으로 볼 때 밑을 근거로 보게 되면 0이 되고, 가지를 근거로 보게 되면 1로 인식할 충분한 이유가 있다. 곧 부분적인 접근 방식에 따르면 0이나 1이 틀린 것이 아니라 다른 것으로 이해 될 수 있다.

이 사실은 황희 정승의 옛 이야기와 그 맥을 같이 한다는 사실을 쉽게 미루어 짐작 할 수 있다. 하인 한 명이 그들의 다툼에서 자신의 입장을 이야기하자 황희 정승은 그 하인의 말이 맞다고 맞장구를 친다. 뒤이어 나타난 다른 하인의 이야기를 듣고서도 뒤의 하인 애기가 황희는 옳다고 한다. 어느 장단에 춤을 춰야 할까? 그러나 어떤 한 사람의 입장이 되었을 때에는 분명 일리가 있다. 즉 특정한 시각에서 본다면 각자가 옳을 수 있다. 그래서 결론이 나지 않아 딱히 정하지 않아도 되는 경우이다. 합리성을 가정하여 결론을 하나로 맺기를 바라는 인간의 속성 상 빚어지는 촌극이다.

$0 \div 0 = ?$

초등학교 나눗셈에서 포함제를 배우게 되면 0속에 0이 몇 회 포함되어 있는가를 따지는 경우가 이에 해당한다. 곧 $0 \div 0 = 1, 2, 3, 4,$

... 나눗셈은 동수누감으로 설명되어진다. 0에서 0을 빼면 0, 계속해서 몇 번을 빼도 0이다. 그러므로 일의적으로 나타낼 수 없기에 정하지 않는다는 의미에서 부정(不定)이다.

이 수학적 문제 상황에서의 아이디어는 장님들의 코끼리 만지기의 이야기로 대응 될 수 있다. 장님 몇 명이 코끼리를 만지면서 자신들이 경험하는 것을 중심으로 코끼리는 어떠하다고 설명한다. 만진 부위에 따라 천태만상을 이루기 마련이다. 누구도 틀리지 않고 각자 일리성을 가진다고 볼 수 있다. 즉, 다리를 만진 장님은 벽과 같다고 하고, 코를 만진 사람은 미끄럼틀 같다고 하고, 귀를 만진 장님은 후라이팬 같다고 하고, ...

각 개성을 추구하고 살아가는 오늘날의 사람들에게 각자의 삶은 소중하며 나름의 무한한 가치를 지니고 있다고 볼 수 있다. 획일성이 아닌 다의성, 바라보는 관점에 따라, 살아온 배경과 경험에 따라 다르지만, 이 다름을 인정하고 조화를 꿈꾸는 세상을 만들어야 한다는 교훈을 동시에 준다.

0과 관련된 수학 이야기

* 모든 0이 아닌 실수 a에 대하여 $a^0 = 1$, (a≠0)이다.
0^0은 정의하지 않는다. 왜냐하면 밑수를 따르면 0이 되고, 지수를 따르면 1이 되어 부분적인 값은 정할지 모르지만 일의적으로 정해지지 않기 때문이다. 이는 부정(不定)이라 한다.

* 0÷0도 같은 이치에 해당된다. 이 또한 부정(不定)의 경우에 해

당한다.

* '2÷0' 의 경우는 제 아무리 0을 빼더라도 2를 줄일 수 없기 때문에 이는 위의 경우와 달리하여 불능(不能)이라 한다.

* $0! = ?$

$n! = n(n-1)(n-2)(n-3)\ldots\ 3\times2\times1$ 이다.

그리고 $(n+1)! = (n+1)n!$ 이다.

그러므로

$$4! = \frac{5!}{5} = 24,\quad 3! = \frac{4!}{4} = 6,\quad 2! = \frac{3!}{3} = 2,\quad 1! = \frac{2!}{2} = 1.$$

$$0! = \frac{1!}{1} = 1$$

일반적인 조합의 수식을 예로 들면

$$nCk = \frac{n!}{(n-k)!k!}\quad {}_2C_2 = \frac{2!}{2!0!} = 1$$

0은 수학에서 매우 특별한 숫자이다. 기호 중 1에서 9까지 수가 태어나고 오랜 세월이 흐른 후에야 발견된, 아니 발명된 그러한 기호이다. 곧 보이지 않는 것, 없는 것에 대한 의미를 부여하고 논리를 완성한 그러한 역할을 0은 수행했다. 곧 없는 것에 대해 의미를 부여해 볼 수 있도록 하여 세상을 이롭게 하고 나아가 발전의 원동력이 된 수학에서 창의성의 보고라 할 만하다.

나는 개인적으로 수학에서 가장 위대한 창의적 발명을 0이라고 생각한다. 우리는 시각화 되어 우리가 볼 수 있는 것을 특히 신뢰한다. 봐야만 믿는 존재일지도 모른다. 수학은 각 영역에서 고유한 특성과 가치를 기반으로 하는 수량화에 공헌을 한다. 그러나 우리가 익히 알다시피 0은 아무 것도 없는 것을 기호로 나타낸 것이다. 즉 보이지 않는 것에 의미를 부여하여 사람들에게 보이도록 하였고 진법 체계의 완성으로 이끈 것이다.

또한 어떤 수에 0을 더하거나 0을 빼면 결과 값에 아무런 차이가 없다. 이것을 보면 0은 그 자체로 의미를 가지지 못하는 것처럼 보인다. 그러나 어떤 수에 0을 곱하면 결과는 무조건 0이 나온다. 자신의 중심이며 모든 것을 관장하는 그러한 역할을 수행한다. 또한 0을 다른 숫자들과 결합하면 1을 10으로 만들 수도 있고, 100, 1000. ... 10000000.....등 인간의 수치로 측정할 수 없는 수까지 만들어 낼 수 있다. 0은 이처럼 무한한 가능성을 지닌 숫자다.

타인이 보지 못하는 그러한 상상의 세계에 대해 언어로 풀이해 사람들의 뇌리에 그러한 상이 구상되도록 발현하는 것이 문학의 속성이며, 문학을 하는 대다수의 사람들이 이러한 상상의 보고를 활짝 열고 세상에 알리고자 하는 이들이라 할 것이다. 이러한 관점에서 본다면 '0'의 역할은 문학작품 속에서도 우리네 인생에서도 지대한 공헌을 한다고 여겨진다.

세상에는 의도적으로 봐야만 보이는 것들이 매우 많다. 무게, 온도, 전류 등은 보이지 않지만 길이를 매개로 한 계측기에 의해 우리들 시야에 이해할 수 있고 보도록 만들어 준다. 이러한 의미에서 창의성은 곧 '남들이 보지 못하는 것을 보고, 타인에게 보이도록 하는 것'이라 해도 무방할 것이다. 나아가 이미 있는 것들에게 보이지 않는 그러한 길을 만들어 연결하여 하나의 체계로 만드는 것 또한 '0'의 이치와 닮아 있다.

많은 문학 작품 특히 시는 새로운 연결들을 꾀한다. 은유법이라는 독특한 시의 세계에서 말이다. 이러한 시인의 상상으로 현실 세계에 또 다른 연결 세상을 구축해 준다. 다양한 문학 작품들에는 이러한 전혀 관계없다고 여겨진 그러한 길들을 연결하고 인간 군상들이 노력하고 고민하고 살아내는 그러한 세계를 창조해 낸다.

다만 아무런 의미 없는 숫자 0이 아닌 '0'은 이러한 특성을 무한정 품고 있다. 또한 앞선 밝힌 바와 같이 혼자 고립된 것이 아니라 다른 사람들과 협력하여 시너지를 냄은 물론 다 함께 행복하고 평화를 꿈꾸는 그러한 세계 구현에도 '0'의 사상은 보탬이 될 것임에 틀림없다.

따라서 우리 사람들은 각자의 삶에서 추론하고, 상상한 것들을 '0'이 만들어진 그러한 과정에 비추어 세상을 밝힐 수 있음은 물론, 타인의 존재들에 대해 0을 곱하여 자신만의 것만 옳다고 여길 것이 아니라. 타인 존재 오른쪽 옆에 소리 소문 없이 서서 타인의 인생이 무한한 가능성으로 거듭 날 수 있도록 할 수 있는 아량과 지혜가 요구된다 할 것이다.

현대 사회와 '0과 1'

정보를 설명할 때는 비트(bit)라는 용어를 사용한다. 이 비트는 정보를 전송할 때 사용하는 이진법 즉 0과 1만을 사용하는 것을 뜻한다. 정보전달의 기본적 원리를 이해하기 위해 한 컴퓨터가 1에서 50까지 수 중 한 수를 다른 컴퓨터에 전달한다고 가정하자. 이때 전송받는 컴퓨터는 그 수를 정확히 알기 위해 전송한 컴퓨터에 얼마나 많은 질문을 해야 할까?

상호통신에 있어서 필요한 정보의 양은 결국 그 대상을 알기 위해

'예' 또는 '아니오'로 대답할 수 있는 질문의 횟수에 달려 있다. 이 때 '예' 또는 '아니오'는 각각 1과 0으로 대응된다.

그러면 간단한 정보에 대한 비트수를 실제로 구해볼까? 먼저 한 사람이 1에서 20사이의 숫자를 선택한다. 다른 사람은 그 숫자를 추측할 수 있을 때까지 '예' 또는 '아니오'라고 답할 수 있는 질문을 한다. 모든 질문에 '아이오'라는 답은 '0'으로 기록하고, '예'라는 답은 '1'로 기록한다. 예를 들면

A : (12)를 생각
B : 15보다 큰 수인가?
A : 아니오(0)
B : 15보다 작은 수인가?
A : 예(1)
B : 13보다 큰 수인가?
A : 아니오(0)
B : 11입니까?
A : 아니오(0)
B : 정답은 12이군요.

이것을 반복하다 보면 1에서 20까지 숫자 중 하나를 맞히려면 보통 4~5개의 질문이 필요하다. 이 때 숫자 열은 질문의 수와 응답 순서를 나타낸다. (숫자열 0100 : 질문의 수는 4회, 응답순서는 '아니요' '예' '아니요', '아니요') 숫자 열의 개수가 4개라면 4비트가 소요된다.

$\frac{1}{2}$ 이야기

대개 수학에서 $\frac{1}{2}$을 가르치기 위해 도입하는 장면은 '온전한 사과 1개를 두 사람이 똑 같이 나누어 가지면 한 사람에 해당되는 몫은?'이라는 방식으로 전개한다. 그래서 도형(원이나 사각형) 모형을 제시하고 크기와 모양이 같은 것으로 시작하여 크기가 같은 것으로 제시한다. 이는 결과 중심적 사고를 형성하는 결정적인 사례이기도 한다. 다음과 같이 질문을 던져보다.

"만일 두 사람에게 사과 하나를 나누어 가지면 어떤 방법들이 있을까?" 이 문제에 대한 대답은 다음 3가지 중 하나에 해당될 것이다. 우선 두 사람을 A, B라 하자.

1) A는 사과를 좋아하지 않고 현재 배도 불러서 B에게 한 개 모두를 먹게 한다.
2) A가 적당하게 나누어서 B에게 선택하게 해서 나누어 갖는다.
3) A, B 모두 사과를 많이 먹기를 원하는 경우, 가능한 한 같도록 나누어 갖고자 한다.

이때 3)번째 해당의 경우, 분쟁의 소지가 발생하고 $\frac{1}{2}$이 작동하게 된다. 이러한 의미에서 볼 때 분수라는 수학적인 아이디어 발생은 인정이 배태된 그러한 인간적인 의미가 아닌 분쟁을 해결하는 도구로 전락하게 된다는 사실이다. 더군다나 혹자는 가장 합리적인 배분으로 'A가 $\frac{1}{2}$을 나누고, B가 먼저 선택해서 결정하게 하는 경우'가 가장 $\frac{1}{2}$을 잘 표현하는 것이라고 하기도 한다.

원래 수학은 사람 사는 향기가 묻어나고 정이 듬뿍 배어있는 그러한 세계의 구현이지, 이와 같이 딱딱하면서 무미건조한 그러한 세계는 결코 아니다.

아래의 사례들을 간단히 살펴보고 $\frac{1}{2}$에 대해 보다 많은 생각들을 해 보고 자신의 삶에서 '$\frac{1}{2}$다움'을 실천하는 계기가 되길 바란다.

남북통일과 $\frac{1}{2}$

$\frac{1}{2}$은 온전한 1을 전제할 경우이다. 곧 우리나라가 한 민족이요. 함께 할 때 진정한 대한민국의 세상임을 이해하고 살아낸다는 전제가 필요하다. 그래서 중국 진시황이 중국을 최초 통일을 한 것은 대단한 업적이며, 나아가 반쪽짜리일지라도 신라가 한반도를 통일을 한 것은 의미 있으며, 되새겨 봐야 할 것들이다. 그러나 우리나라는 남북한으로 나누어져 오랜 시간이 경과되어 실질적인 한 국가였다는 사실이 많이 희석되었다. 남, 북한 각각이 $\frac{1}{2}$이기 때문에, 온전한 하나가 되어야만 한다는 당위성과 절실함이 덜 하다. 어쩌면 $\frac{1}{2}$은 각각 이미 '1'이 되어 버린지도 모른다. 그러한 의미에서 통일은 온전

한 한 국가의 모습으로 '$\frac{1}{2}+\frac{1}{2}=1$'이라는 것에 대한 내면의 승화가 요구된다 할 것이다. 그러나 서로 다른 점이 더 많고 통일비용이 많이 발생한다면, 그러한 점들이 '1'을 형성하는 통일에 어려움을 가중시킬지도 모른다.

여기에서도 $\frac{1}{2}$에 대한 진정한 성찰적 사고가 요구된다 할 것이다.

우애 깊은 형제 이야기 $\frac{1}{2}$

몇 명의 자녀가 있는 형과, 갓 장가를 든 동생이 나누어지지 않은 논에서 같이 농사를 짓고 가을 추수가 끝나 각자 수확한 것을 갖기로 합의하였다. 그러나 형제들은 각각 다른 형제에게 더 많은 돈이 필요할 것이라 여겨, 자신의 볏단을 몰래 서로에게 갖다 주게 된다. 줄어들지 않은 것을 알게 되어 행위가 반복되는 과정에서, 중간에서 형제가 서로 만나 서로 우애를 다진다는 이야기로 $\frac{1}{2}$은 똑같이 나누는 것이 중요한 사실이 아니라 인간의 도리와 정리(情理)를 매개가 되었을 때 가능하다는 이야기이다.

우리 삶에서의 $\frac{1}{2}$이란?

Janet Stevens(1995)가 토끼와 거북이 이야기를 각색한 "Tops and Bottoms" 는 $\frac{1}{2}$을 이해하기 위한 좋은 예로 들 수 있다. 이야기의 줄거리는 다음과 같다(Bergman(1997), 재인용).

> 거북이와의 경주에서 진 토끼는 많은 빚을 지게 되어 결국에는 자신의 농장을 곰에게 팔게 된다. 곰의 농장에서 일하게 된 토끼는 농사를 지어 추수하여 농작물을 반씩 나누는데, 곰은 농작물의 위쪽 $\frac{1}{2}$을 갖고, 자신은 아래쪽 $\frac{1}{2}$을 갖도록 계약을 한다. 곰은 농장의 일을 거들떠보지도 않았으나 토끼는 열심히 일했다. 이윽고 가을이 되어 농작물을 추수하게 되는데 토끼가 열심히 가꾼 농작물은 다름 아닌 뿌리작물인 홍당무이었다. 그제서야 곰은 자신이 토끼의 꾀에 넘어갔음을 알게 된다.

이 이야기를 소재로 분수의 의미와 관련지어 수학 학습에 적용할 수 있는 것을 소개하자. 절차는 문제파악, 탐색, 해결, 음미, 반성 및 평가 단계로 나누어 제시할 수 있다. 문제 파악 단계에서는 아이들이 이 이야기를 듣고 이야기 속에서 자기가 생각하기에 잘못되었다고 생각하는 점을 찾게 한다. 아마 아이들은 토끼의 나누는 방법이 잘못되었음을 지적할 것이다. 아이들의 의견을 들어보고 "더 공정하게 나누기 위한 방법에는 어떤 것이 있을까?"에 대해 생각해 보도록 유도한다. 탐색단계에서는 조별로 자신들이 생각한 문제를 해결하고 효과적으로 그들의 해결책을 다른 이에게 설명 할 수 있는 방법을 찾게 한다. 다양한 방법이 나올 수 있도록 하며, 정답이 없음을 강조한다. 해결단계에서는 탐색과정에서 생각한 방법을 실행하게 한다. 그리고 음미단계에서는 조별로 해결한 방법을 학급 전체에게 설명한다. 반성 및 평가단계에는 아이들이 다른 조의 해결과정을 들으면서 문제해결 방법의 장점 혹은 자신들이 미처 생각하지 못했던 부분을 생각한 것 등을 기록하고 반성하게 한다. 평가는 문제이해, 해결책 찾기, 설명을 위한 자료준비, 해결방법 설명하기와 조별 활동에서 개인적인 공헌도 등을 기준으로 제시하고 관찰을 통해 평가한다.

이 이야기를 통해서 아이들은 $\frac{1}{2}$이라는 것이 단순히 결과의 절반만을 의미하는 것이 아니라 겉으로 드러나지는 않지만, $\frac{1}{2}$속에는 무수히 많은 수학적인 제약조건들이 있음을 알 수 있게 된다. 이 이야기 속의 예를 생각해 본다면 토끼와 곰이 홍당무를 정확히 반 씩 나누어 갖는다는 것은 불공정한 배분이 된다. 왜냐하면 토끼는 열심히 일했지만 곰은 게으름을 피웠기 때문이다. 여기서 우리는 만약 토끼와 곰이 절반으로 나누기 위해서는 그 둘이 같은 양의 일을 했다는 전제가 있어야 함을 알 수 있다. 또한 학생들은 '일한 시간'이라는 개념을 도입하고, 또는 홍당무를 아래 위로 나누기보다는 수직으로 나누어야 한다는 생각, 또는 팔아서 돈으로 반씩 나누어야 한다는 이야기, 나아가 $\frac{1}{3}$씩 나누어 갖고 나머지 $\frac{1}{3}$은 투자를 위해 남겨 놓아야 한다라는 토론 내용들로 볼 때, 이 동화 한편은 수학의 전제조건, 수학의 필요성, 가치, 아이디어 등을 전반적으로 알게 하는 효과를 가져 올 수 있다는 것을 확신시켜 준다 할 것이다.

"윗부분과 아랫부분"에서 학생들은 주인공의 행동이 공정한지 연구할 수 있고 궁극적으로 이익을 나누기 위해 궁리하고 탐구할 수 있는 재미있는 줄거리를 제공했다. 학년이 다른 학생들끼리 활동을 하면서 서로를 격려하는 것은 공정하게 나누는 방법 찾기와 같이 답이 없는 문제를 사용하여 친구를 가르침으로써 그들의 학년 수준에서 문제를 이해한대로 전달하기 위한 흥미로운 매개물이 된다. 그것은 또한 학생들이 그들의 문제 풀이 기술들을 판단하기, 더하기, 빼기, 곱하기, 나누기, 넓이계산, 시간측정, 자료수집, 자료조직 들이다.

곧 오늘날 우리들 세상에서 $\frac{1}{2}$을 제대로 구현하기 위해서는 동일한 투자금, 동일한 능력, 동일한 노력 등이 전제되었을 때 결과도 같이 나누는 것이 타당하다는 경제 활동에 대한 심도 깊은 이야기가 위의 사례에서 밝힌 것이다.

세 번째 이야기, 삶과 수

수천년 동안 축척되어 온 수학은 이제 우리의 삶과 분리해서 생각할 수 없다. 수학은 일상 삶에 녹아들어, 우리가 의도적으로 수학적 감상을 하지 않는다면 무심코 지나칠 수밖에 없다. 디지털 세계에 살아가는 우리가 매일 만나는 수많은 디지털 자료들이 불과 1, 0의 이진법 세계를 구현한 결과물임을 알고 놀라지 않을 수 없다. 그렇게 컴퓨터 내부에 축적된 자료는 decoding 과정을 거쳐 우리가 보고 해독 가능한 문자, 숫자, 그래픽으로 표현을 변형한 것일 따름이다.

그럼 얼마나 우리들은 수가 지배하는 세상에 살고 있는지 살짝만 세상을 들여다보자.

우리는 시계가 가리키는 시각에 지배당하고 있다. 잠자는 시각에서부터 일어나는 시각, 약속 시간, 스케줄 등에서 말이다. 시간은 모든 사람에게 하루 24시간 동등하게 주어지는 유한한 자원이다. 각자마다 시간의 주인으로 살려고 한다. D-day, 달력, ...

집을 떠나는 순간부터 공간을 나타내는 많은 수들을 만난다. GPS는 동경, 북위의 극좌표의 세계를, 지하철 및 버스 노선(심지어 버스의 일련번호도 공간의 결합: 대구시의 경우 시작 구군, 중간 경유, 도착 구군으로 구분되어 명명됨), 도로번호, 약도 등에서 수의 표현의 도움을 인간은 받는다.

공간을 나타내기 위해서는 길이를 기본으로 하여 평면은 넓이라는 개념을, 공간은 들이와 부피 개념을 사용한다. 그리고 대부분의 물건에 대한 무게를 매개로 그 가치를 매긴다. 물론 이 세상 사람들이 무역을 하기 위해서 국제통화 가치를 그 근간으로 하는 것은 두말 할 필요가 없는 사실이다.

인간의 능력을 나타내는 각종 지수(quotient)들, IQ(지능 지수), EQ(감성 지수), NQ(관계망 지수), SQ(사회성 지수), MQ(도덕성 지수), CQ(창의성 지수, 비판력 지수), PQ(신체 지수) 등은 검사 도구를 매개로 하여 인간이 응답한 것을 토대로 수치화 하여 사용하고 있다.

경제현상에서 나타내는 가치를 표현하는 것들(화폐, 환율, 채권, 물가변동율, 주가지수 등) 수학이 없다면 무슨 일이 과연 일어날까?

수는 핵심적인 사항과 사물의 고갱이만을 고려한 결정체이다. 그래서 현실을 파악 할 수 있고, 미래를 예측할 가능성이 그만큼 높아진다고 볼 수 있다. 그래서 수의 본질에 대한 이해뿐만 아니라 나타내어진 수 이면에 있는 의미를 제대로 읽어 내는 혜안이 요구된다고 볼 수 있다. 타인이 사용하는 수들에 대해 조작적인 정의, 조건, 제한점 등을 잘 음미해야만 한다는 것이다. 그리고 이 수학이라는 것이 인간 모두에게 호혜롭게 제대로 현실세계에서 이상적으로 작동될 수 있도록 방안을 강구하고 실천하여 더불어 살아가야만 하는 사명이 우리 인간에게 부여되어 있다.

네 번째 이야기, 수학의 예술 경지

아르키메데스는 그리스와 전쟁이 났음에도 불구하고 수학에 골몰한 나머지 적의 병사에게 방해하지 말라는 것으로 죽음을 당한다. 그 당시 아르키메데스는 몰입하고 온 정신을 자신의 수학 세계에 빠져 있었기에 죽음조차도 초월했다. 우리가 보기엔 그 순간으로 종료되었지만 그 순수한 열정은 지금도 계속되고 있는지도 모를 일이다. 어떤 일이 너무나 좋아 자신과 혼연일체가 된다면 그것이 곧 최고경지인 예술이 아닐까? 그렇다면 하고 싶어서 하는 일, 그 자체도 자신이 살아있음을 증명될 그 무엇이 곧 예술이 아닐까?

내가 추구해야 될 문젯거리가 나만이 가질 수 있을 지라도 그 자체에 몰입하고 살아내는 것이 중요하다. 나만의 빛깔, 향기를 머금으면 되는 그런 속성으로 말이다.

美는 곧 내면적으로 활활 불타오르는 그 무엇이다. 타인에 잘 보이기 위해 마지못해 하는 행위는 종료가 있으며, 그 끝도 자신이 아니라 타인에 의해 종결되어진다. 이러한 결과는 그 어떤 것이라도 예술이라 칭하기엔 2% 부족함에 틀림없다. 과정 전체 곧 몰입 그 자체가 극히 좋은 것, 그럼으로써 자신다움을 빚어내는 것일 게다.

타인이 이미 이룩한 것일지라도 내가 의미를 짓고 나만의 것으로 만들어내는 것들이 필수적이다. 수학은 조건이 같다면 적어도 이성적으로 판단해서 같아질 개연성이 매우 높다. 이러한 맥락에서 문화유산으로서의 수학, 과학을 하기 위한 하나의 언어로서의 수학, 과거 수학도사나 현재 수학 도사나 미래의 수학도사 모두에게서 유효한 추론으로 인정되는 그 무엇으로 말이다. 그래서 꼬마 수학자로서의 삶 또한 예술의 경지이다. 꼬마 수학자여야만 수학의 대가가 될 수 있다. 현재 자신의 삶을 온전히 살아내어야만 진정한 삶을 사는 것이다.

주어진 문제가 있기에 특히 자신이 해결해야만 할 문제가 존재하고 그것을 해결하기 위한 강력한 도구로서 수학이 제 역할을 하고 만들어내는 수학의 결정체는 진정한 예술의 전형적인 모범이 될 것이다. 타인의 생각을 그대로 영문도 모른 채 답습하는 것이 아니라 더디고 힘들어도 자신의 길로 묵묵히 나아가고 되짚어보고 세련되게 하고 그것들이 성취되어 가는 그 순간순간들이 다 의미 있고 생동감 있는 예술 그 자체임에 틀림이 없다.

교육에 있어서도 마찬가지이다. 꼬마 수학자를 배려하기 위해서는 도전과 실패, 실패를 극복할 수 있는 끈기와 재도전 의지가 필요하다. 아무리 쉬운 것일지라도 그리고 당연한 것일지라도 아이에게 의미가 형성되도록 기회와 충분한 시간이 주어져야 할 것이다 결과 자체를 빨리 제대로 만들어내기 보다 더 중요한 것이, 아이가 스스로 참여하여 자기 방식으로 성취하고 자기 언어로 표현하고 생성해 내는 것이리라. 세련된 표현, 강력한 조건들, 보다 많은 경험들을 시나브로 추가되어야 할 그 무엇들이다. 아이가 세상의 중심에 있어야 하며 자기 나름의 방식에 따른 평가와 선택이 필요하다는 뜻이다.

진정한 열망을 가진 꼬마 수학자와 인류 수학자는 잘 통하리라. 서로 바라보는 것이 다를지라도 열정을 가지고 즐기며, 자신이 제기하는 문제를 해결하기 위해 온전한 모든 것을 마치기 때문이리라. 궁금한 것을 해결하기 위해서, 꼬마는 노력할 것이다. 일류수학자는 아이의 궁금한 것을 모티브로 진정한 내면의 대화를 만끽하고 싶으리라 여겨진다. 아이들에겐 자신만의 의문의 세계를 수학적으로 접근하고 해결 할 그런 자료, 문젯거리, 상황을 많이 발견하며, 아이들이 선택하고 즐기고 담론을 형성해서, 자신의 수학적 성장의 맛을 만끽하도록 해 주는 것이야 말로 모두가 수학에서 예술가로 살아가는 성취일 것이다.

〈참고문헌〉

Constance Reid)(1997). 0부터 무한대까지-무엇이 수를 흥미롭게 만드는가, 허민 옮김, 경문사

오토 베츠(2003). 숫자의 비밀, 배진아 · 김혜진 옮김, 다시

프란트 칼 엔드레스 · 안네마리 쉼멜(1996). 인류 문명을 지배한 상징적 기호 수의 신비와 마법, 오석균 옮김, 고려원미디어

제2장

다빈치코드

◆ ◆ ◆

다빈치 코드는 루브로 박물관장이 살해당하면서 피보나치 수열에 따라 바닥에 숫자를 쓰고 숨을 거두는 장면으로 시작한다.

◆ ◆ ◆

이 소설작품에 등장하는 수학적 아이디어 및 묘사에 대해 살펴보면 다음과 같다.

첫째, 시간, 시각에 대한 수학적 묘사, 장소, 거리, 공간에 대한 수학적 묘사, 공간으로의 해석(건물 및 가격), 에펠탑과 루브르 박물관에 대한 비교에 대한 묘사들이다.

둘째, 수학적 의미로 해석이 가능한 기호와 관련한 내용을 들 수 있다. 이 소설에서는 기호학 수업, 상징학, 도학 등의 내용에 등장하는 기호의 힘이 나온다. 마룻바닥에 새겨진 기하학 패턴들, 예수와 열두 제자를 나타내는 표의 문자인 13이라는 숫자, 자연숭배와 관련된 기독교 이전 기호로 별표 ▽, △와 이 둘을 교차한 표시 ✡와 황도를 가로지르는 금성의 자취, 악마전쟁, 여성성 등을 설명하고 있다. 허수의 존재, 다양한 수수께끼, 666이라는 사탄의 숫자를 표현하고 있다. 또, 아나그램과 관련된 암호이야기(치환, 아트배쉬 암호)는 암호학과 대응된다.

셋째, 피보나치 수열과 황금비와 관련한 내용이 나온다. 피보나치 수열은 황금비로 수렴하는 것으로 영생의 의미를 지닌다. 이것은 은행계좌번호를 지칭하는 13-3-2-21-1-1-8-5로부터 1, 1, 2, 3, 5, 8, 13, 21의 변형임을 나타내고 있다. 나아가 아름답게 보이는 것에 대한 성찰로서 PHI를 들고 있다. 즉, 황금비로 사각형 중 길이의 비가 1: 1.618을 나타낸다. 자연현상에서는 암벌과 수벌의 비, 앵무조개의 나선비 등을 그 예로 들 수 있다고 말한다.

넷째, 수학의 정의와 특성과 관련되는 내용을 들 수 있다. 이 작품에서는 수학을 규칙성 탐구이며, 하나의 언어인 동시에 인류문화유산이라고 설명한다. “관계는 눈에 보이지 않을 수 있다. 하지만 그것들은 항상 거기에 있다. 표면 바로 아래에 묻힌 채 말이다.”라고 언급하며 수학이 특정한 관계를 규명하는 특성을 지님과 동시에 은유, 곧 ‘우리가 받아들일 수 없는 것을 우리의 마음이 받아들이도록 돕는 역할’도 가지고 있다고 한다.

첫 번째 이야기, 수열

수열은 일정한 규칙으로 나열된 수의 열을 의미한다. 몇 번째 값이 구체적으로 무엇인지 안다면 모두가 수열이 된다. 즉, 자연수로부터 실수로 가는 함수가 수열이 된다는 의미이다. 수열은 기호로 a_n으로 주로 나타내며, 이는 자연수 n번째 값이라는 의미이다.

다음과 같은 수가 나열되어 있다면, □에 해당되는 값은 얼마인가?

2, 4, 6, 8, □, □, ...

이 문제에 대해 일반적으로 10, 12라고 한다. 수의 나열 규칙을 2씩 증가하는 것으로 볼 경우에 해당한다. 다른 경우를 몇 개 생각해 보자.

어떤 규칙, 곧 패턴은 흔히 반복적인 현상으로부터 경험하기 시작한다.

2, 4, 6, 8, 2, 4, 6, 8, ... 반복이라면 2, 4가 이에 해당한다.
2, 4, 6, 8, 8, 6, 4, 3, ... 등과 같은 주기를 가진다면 8, 6이 이에 해당한다.
2, 4, 6, 8, 0, 2, 4, 6, ... 곧 차례로 수를 쓸 때 1의 자리수라면, 0, 2가 된다.

이와 같이 생각할 수 있는 규칙은 무수히 많다. 먼저 규칙부터 찾고 그에 해당하는 값을 찾는 초등 수준부터 해 나가야 할 것이다.

쉽게 구조를 파악할 수 있는 수열을 몇 가지 소개하면 다음과 같다.

첫째, 일정한 숫자가 더해지는 방식으로 곧 차이가 일정한 수들로 이루어진다면, 등차수열이라고 한다. 이 등차수열은 초항(a)과 공차(d : 차이가 일정한 값)만 알면 일반항을 구하기가 쉬워진다. '가우스 일화'에서 보듯이, 더하고자 하는 끝을 역순으로 하면 이 등차수열의 합을 구할 수 있다.

$$\begin{array}{rrrrrrr} & 1\ + & 2\ + & 3\ + & \cdots\ + & 98\ + & 99\ + & 100 \\ +) & 100\ + & 99\ + & 98\ + & \cdots\ + & 3\ + & 2\ + & 1 \\ \hline & 101\ + & 101\ + & 101\ + & \cdots\ + & 101\ + & 101\ + & 101 \end{array}$$

$$101 \times 100 \div 2 = 5050$$

둘째, 일정한 숫자가 곱해지는 방식으로 곧 두 수의 비가 일정한 수들로 이루어진다면, 등비수열이라고 한다. 이 등차수열은 초항(a)과 공비(r : 비의 일정한 값)만 알면 일반항을 구하기 쉬워진다. 이 등비수열의 합은 다음과 같은 아이디어를 활용하면 된다.

$$\begin{array}{rl} S= & a+ar+ar^2+\ldots+ar^{n-1} \\ -)\ rS= & \quad\ \ ar+ar^2+\ldots+ar^{n-1}+ar^n \\ \hline \end{array}$$

$$S-rS=a-ar^n$$

을 적용하면 $S=\dfrac{a(1-r^n)}{1-r}$이 된다.

셋째, 앞 뒤 항의 차이가 등비수열이나 등차수열을 이루는 것을 계차수열이라 한다. 이 사례는 도형수에 해당되는 것을 들 수 있다.

삼각수

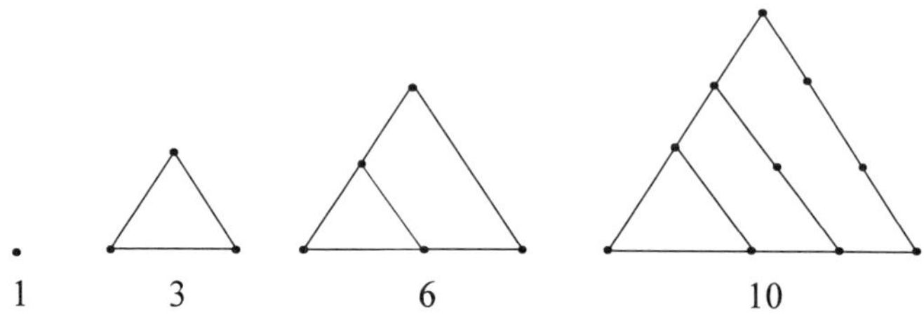

위의 그림과 같이 1단계부터 96단계까지 바둑돌을 놓았습니다. 바둑돌의 개수가 3의 배수인 단계는 모두 몇 개입니까?

1) 일반적으로 이렇게 되는 이유는?
   삼각수를 나열해 보면 1, 3, 6, 10, 15, 21, ...
   그 차이는 1, 2, 3, 4, 5, 6, ... 그러므로 삼각수는 공차가 1인 등차수열을 이루는 계차수열에 해당된다.
   나머지를 나열해 보면 1, 2, 3, 1, 2, 3, 1, 2, 3, ... 그러므로 동일한 패턴이다.
   * 3의 배수가 아닌 것?
   * 인접하는 두 수의 합은 항상 3의 배수인가?
   * 3의 배수가 아닌 연속하는 두 수의 합은 3의 배수이다.
   * 연속하는 3개의 수의 합은 3의 배수이다.

2) 동일한 원리라는 사실을 어떻게 증명할까?(3의 배수라는 측면만 고려한다면?)

   * 4의 배수는 존재하는가?

사각수

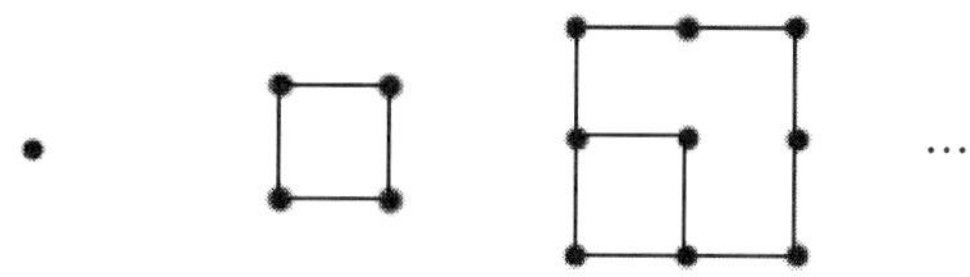

첫째 번 둘째 번 셋째 번 …

이들 나열된 점의 총 수를 나열하면, 1, 4, 9, 16, 25, 36, ...

이들 수의 차이는 3, 5, 7, 9, ... 로 이 또한 삼각수처럼 계차수열을 이룬다. 공차가 2인 등차수열에 해당됨을 쉽게 알 수 있다.

1) 3의 배수는 언제, 왜? 몇 개인가?
2) 인접하는 두 홀수의 합은 항상 4의 배수인가?
3) 홀수의 제곱수는 항상 홀수이고 짝수의 제곱수는 4의 배수

오각수

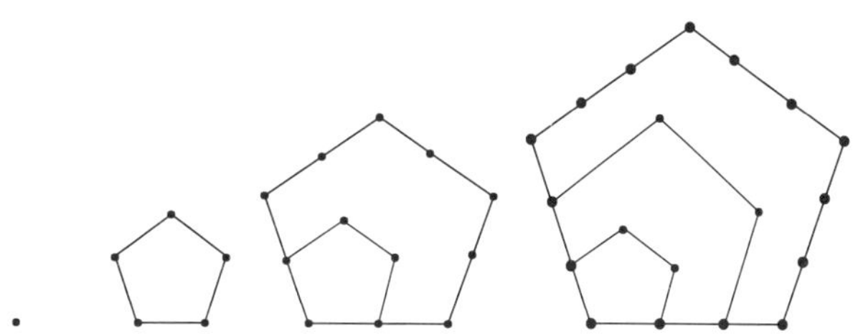

1 5 12 22

이 오각수들의 차이는 4, 7, 11, ... 로 이 또한 삼각수와 마찬가지로 계차수열을 이루며, 공차가 3인 등차수열에 해당됨을 쉽게 알 수 있다.

6각수와 8각수를 나타내면 다음 그림과 같다.

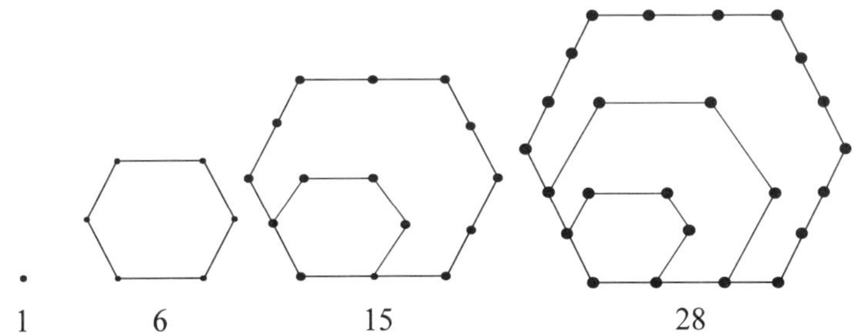

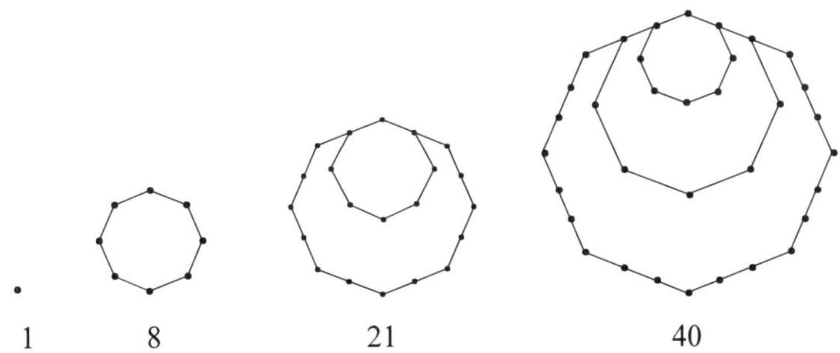

문제 이 6각수에 해당하는 일반항을 구해 보세요. 이 문제를 해결하기 위해 필요한 수학적 개념을 가능한 한 많이 제시해 보세요.

넷째, 각 항의 역수가 등차수열을 이루는 경우는 조화수열이라고 한다.

다섯째, 피보나치 수열을 들 수 있는데, 처음 두 항을 0과 1로 한 후, 그 다음 항부터는 바로 앞의 두 개의 항의 합으로 만들어지는 피보나치 수열은 수학뿐만 아니라 일상생활이나 자연 현상 등 여러 곳에서 많이 발견된다. 예를 들어, 인접한 두 피보나치 수의 비율이 황금비(golden ratio)가 되어 미술과 건축, 음악 등 여러 분야에서 응용된다.

피보나치가 이상적으로 제시한 토끼의 번식과 관련하여 다음 경우를 잘 음미해 보자.

		토끼 수
		0
		1
첫달	A_0	1
둘째달	A_0 $a_{0,1}$	2
셋째달	A_0 $a_{0,2}$ $A_{0,1}$	3
넷째달	A_0 $a_{0.3}$ $A_{0,1}$ $a_{1,1}$ $A_{0,2}$	5
다섯째달	A_0 $a_{0.4}$ $A_{0,1}$ $a_{1,2}$ $A_{0.3}$ $A_{0,2}$ $a_{2,1}$ $A_{1,1}$	8

A_i : 어른 토끼, 생식이 가능한 부모

a : 어린 토끼

i : 세대를 나타냄

그리고 파보나치 수열의 전·후항의 비를 살펴보면 아래와 같이 황금비로 수렴해감을 알 수 있다.

1, 2, 3, 5, 8, 13, ⋯ ⋯ ,

피보나치 수열의 전항과 후항의 비를 계산해보면

$\frac{3}{2} = 1.5 \quad \frac{4}{3} = 1.333\cdots \quad \frac{8}{5} = 1.6 \quad \frac{13}{8} = 1.625$

그리고, n번째 피보나치 수열을 F_n이라 하면

$F_n = F_{n-2} + F_{n-1}$이 되고

전·후 항의 비 곧 $\frac{F_{n+1}}{F_n}$은 약 1.618이 되는데, 이는 황금비와 같다.

이 수열을 관찰해 보면 토끼들은 계속해서 다음 세대를 낳는 곧 영생을 실현하고 있음을 알 수 있다. 곧 피보나치 수열을 통해 우리는 인간의 영생을 꿈꾸고 있는지도 모른다.

사회현상이나 자연현상을 일정한 시각에 따라 조사하게 되면 수열을 형성하게 된다. 이 수를 기반으로 다음 순간을 예측하고자 한다. 하지만 이 예측은 과거 경향대로 나타난다는 전제 하에 예측이 가능할 뿐, 현실은 그렇지 않다. 천재지변이나 불규칙한 것들이 현상에 개입하게 되면 전혀 다른 양상을 띤다는 사실을 명심해야 한다. 이러한 의미에서 수학은 가장 기본적인 아이디어를 충실히 제공할 뿐 모든 양태에 대해서 적용되는 것은 아니다. 이러한 제한이 있다는 사실을 염두에 두고 사용해야 한다.

두 번째 이야기, 황금비

정오각형의 황금비

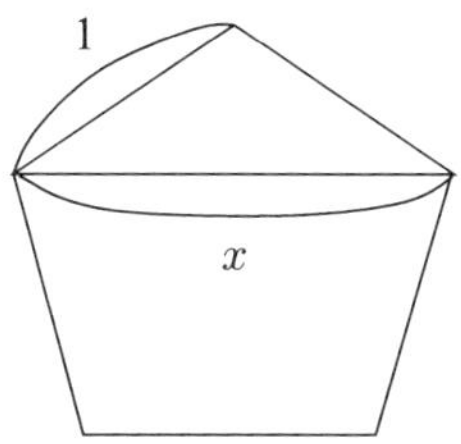

$$x=\frac{\sqrt{5}+1}{2}$$

황금비

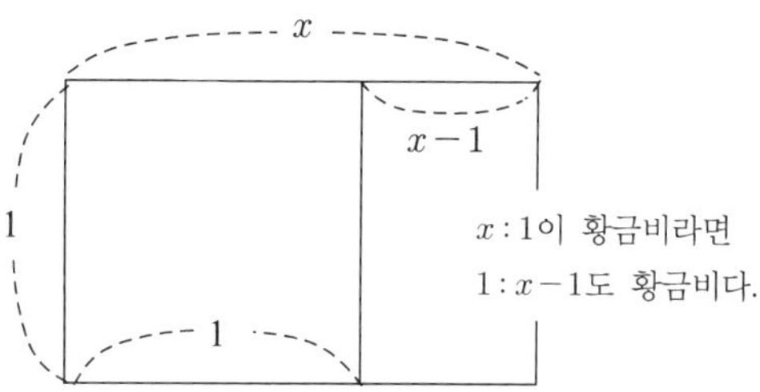

$x:1=1:(x-1)$에서
$x^2-x-1=0$의 해
(이 중에서 $x>1$인 것)

황금비는 그냥 보기에 아름다운 것이 아니라 여러 가지 대상을 연결하는 성질을 지녔을 때 아름답다고 할 수 있다. 앞에서 봤듯이 이 황금비는 0과 1로 시작하는 직전 두 항의 합으로 나타내는 피보나치 수열 전·후 두 항의 비와 일치한다. 많은 건축물이 이 비를 활용하여 지어졌다고 할 수 있다. 즉 수학 구조가 지닌 아름다움을 잘 찾아낸 것을 황금비라 할 수 있다.

수학에 관한 구조적인 아름다움을 말할 때 '차원의 높이'가 빠질 수 없다. 앞으로 차원을 높게 하면 간단해지는 문제를 예로 들겠다. 여기에서 말하는 차원의 높이와는 약간 그 의미가 다를 수 있다. 예를 들어, 정오각형과 정십이면체에서 황금비가 나타난다. 정다면체에서 쌍대(dual : 원래의 문제와 표리(表裏) 관계에 있는 다른 문제를 대응하여 일컬음)라는 개념을 적용하는 순간 당연해진다. 즉, 정이십면체가 정십이면체의 쌍대이고, 정십이면체는 정오각형으로 만들어진다는 사실을 알 수 있다. 같은 사물이 다른 상황으로 나타나서 이상하게 여겨지는 경우도 있다. 하지만 차원을 높여서 위에서 내려다보면 확실히 보인다.

다른 문제에서 사용한 방법을 흉내 내는 일을 '유추'라고 한다. 문제에 접근할 때 이것을 잘 이용하면 구조미를 얻을 수 있다. 본질을 이해하고 다르게 보이는 문제 안에 숨어 있는 공통점을 찾아내면 유추를 잘 할 수 있다.

세 번째 이야기, 수학 기호의 간략한 역사

고대 그리스에서 디오판토스가 기호를 사용한 이후, 인도에서도 비슷한 기호를 사용하였다. 16세기 초 유럽에서 대수학이 발달하면서 기호를 본격적으로 사용했다. 중세 암흑기를 지나면서 수학이 발달하게 되자 수학자들은 의미 있고 편리한 도구가 없어서 불편함을 느끼게 되었다. 이런 이유로 16세기 초부터 기호들이 엄청나게 만들어졌다. 산업이 발달하면 점점 더 성능이 좋은 기계가 나와서 더 좋은 물건을 생산하듯이 수학에서도 더 좋은 도구인 기호가 사용되었다. 이것이 강력한 도구가 되어 계산이 발달되고, 이차, 삼차 방정식의 풀이 방법을 개발해내는 밑거름이 되기도 했다.

다음으로 대수학에 쓰이는 기호가 만들어지는 과정을 살펴보자. 이탈리아의 수학자 파치올리는 1494년 출판한 책 「산술 요약」이라는 책에서 덧셈을 p('더 많은'을 뜻하는 piu로부터), 뺄셈은 m('더 적은'을 뜻하는 memo로부터), 미지수를 co('물건'을 뜻하는 cosa로부터) 등으로 나타내었다. 또, 오트레드는 수학적 기호를 대단히 강조하면서 150개가 넘는 수학 기호를 도입했다고 한다.

그러나 이렇게 어떤 뜻을 지니는 기호가 발표된다고 해서 즉시 모든 사람이 그 기호를 쓰게 되는 것은 아니다. 많은 물건이 만들어져서 시장에 나와 있어도 사람들은 그 중에서 자신에게 쓸모 있는 것만을 사용한다. 이와 마찬가지로 수학자들이 만들어 놓은 기호 중에 사용하기 편리한 기호, 의미가 한 눈에 드러나게 잘 만들어진 기호가 살아남아 수학을 배울 때나 연구할 때 사용된다. 실제로 오트레드가 만든 기호 중에서 현재까지 살아남은 것은 곱셈 기호 × 등 단 3개뿐이다.

가장 많이 사용되는 기호를 중심으로 그 유래 및 이야기를 나타내면 다음과 같다.

〈표 〉 수학 기호의 유래와 이야기

+	네덜란드의 수학자 폰 델 호케가 만든 기호. <~과(와)>라는 뜻과 더하기인 라틴어 et를 쓰던 중 et가 흘려 쓰는 과정에서 +기호처럼 보여서 +기호가 탄생하게 됨.
−	뺄셈 기호-는 상인들이 상품 총 중량에서 용기가 차지하는 중량을 나타내기 위하여 사용했던 가로 막대기가 기원이기도 하고, 뺀다는 뜻의 minus를 간단히 쓴 m를 사용하다가 −로 바뀌었다고 함.
±	더하기와 빼기의 복부호로서 영국의 수학자 오우트레드가 1631년 사용함.
×	영국의 수학자 윌리엄 오드레드가 성당의 십자가에서 힌트를 얻어 쓰게 되었으며 당시에는 +, −보다는 적게 사용하다가 1794년에 많이 사용되게 됨.
·	1676년 라이프니치가 도입했으며, 'x'와 '×' 혼동 대신 점(·)을 사용
÷	1659년 스위스 수학자 란의 책에 처음 사용되었으나 영어권을 제외한 당시 유럽에서는 빼기 기호로 사용하였으며, 어떤 주장은 분수의 모양을 추상화해서 만든 것이라는 설도 있음. 프랑스에서는 ÷ 대신 분수를 사용함.
)‾‾‾	세로 나눗셈 기호는 나눗셈의 전 과정을 보여주는 의미로 매우 유용하며, 1544년 슈터펠이 ノ에서 유래함.
=	1557년 영국의 수학자 로버트 레코드가 '서로 같음'을 나타내기 위해 사용했으며, 지금보다는 비교적 길게 사용했으며, 평행선에서 힌트를 얻어서 쓰게 되었다고도 함.

<table>
<tr><td>< , ></td><td>1631년 헤리엇의 저서에 등장한 기호로 대체로 ‘같지 않음을 나타내는 기호’ 임.</td></tr>
<tr><td>| |</td><td>절대값, 행렬식 기호는 1841년 독일 수학자 바이어슈트라스가 처음 사용하였으며 절대적으로 존재한다는 의미임.</td></tr>
<tr><td>π</td><td>1786년 영국 수학자 존스가 처음 사용 π는 원둘레의 의미인 그리스어 $\pi\varepsilon\rho\tau\,\Phi\varepsilon\tau\varepsilon\tau\alpha$의 첫 글자로 보임.</td></tr>
<tr><td>$\sqrt{\ }$</td><td>제곱근 기호는 1525년에 루돌프가 도입했음. 이는 근을 뜻하는 radix의 첫 자에서 따왔다고 함.</td></tr>
<tr><td>i</td><td>$x^2 =-1$ 에서 $\sqrt{-1}$ 대신 라틴어 imaginaria(허구의, 영어는 imaginary)의 첫 자이며, 1776년 오일러가 처음 사용하였고, 1801년 가우스가 다시 사용하여 보편화됨.</td></tr>
<tr><td>점</td><td>점 P(point) : O(origin point : 원점), M(middle point : 중점), T(tangent point : 접점)</td></tr>
<tr><td>△</td><td>삼각형의 모양을 형상화한 것으로 1805년 카노트가 처음 사용함. 다른 도형들도 대개 모양을 형상화하여 사용함.(□, ▭, ▱, ◇, ○ 등)</td></tr>
<tr><td>⊥</td><td>두 선이 수직으로 만나는 것을 형상화 한 것으로, 1614년 프랑스 수학자 에리곤네가 처음으로 사용하였으며, 1667년 프랑스 수학자 도르넹이 사용하고, 1673년 영국 수학자 코시가 이 기호를 채택한 후 19세기에 거의 모든 수학자가 사용함.</td></tr>
<tr><td>//</td><td>본래 평형을 나타내는 기호로 두 직선이 평행한 모습을 형상화한 것으로 보이는 = 에서(이미 같은 의미로 사용하기 때문에), ||로 모양이 좋게 또는 흘려 쓴 //가 되었다. 영국 수학자 오우트레드가 먼저 사용한 것으로 전해지지만 1673년 영국 수학자 코시가 처음 책에 나타냄.</td></tr>
<tr><td>{ }</td><td>독일의 수학자 칸토어가 1895년에 쓴 원고에 처음 나타남. 집합 자체는 A, B, C... 등 대문자로, 원소를 나타낼 때에는 a, b, c... 등 소문자를 사용함.</td></tr>
</table>

∈	1903년 영국의 수학자이자 철학자인 러셀의 책에 처음 사용됨. 원소(element)의 첫 자를 의미함.
∅	프랑스의 수학자 베일이 노르웨이어 알파벳의 한문자를 도입함. 그 후 활자가 없어 그리스어 알파벳의 하나인 (파이:phi)가 사용됨. 이 기호는 마치 영(0)이 아니다(/)를 결합하여 만들었다는 설도 있음.
⊂, ⊃	부분 집합을 나타내는 기호로 1898년 이탈리아의 수학자 페아노가 처음으로 도입함. 포괄하다(contain)의 첫 자에서 비롯되었음.
∪, ∩	이 기호의 원조는 알려져 있지 않지만 1877년 이탈리아의 수학자가 처음으로 사용한 논리기호 ∧, ∨에서 발전, 변형된 것으로 봄.
$f(\chi)$	"함수"라는 낱말을 처음으로 수학에서 쓰기 시작한 사람은 라이프니쯔였음. 그러나 함수에 $f(x)$라는 기호는 오일러가 처음으로 사용함.

참고문헌: 박교식(1999). 초등 · 중등 · 고등 수학기호 다시보기, 수학사랑

수학 기호들은 재미있고 역동적인 역사를 가지고 있다. 이를 발명 시대별로 정리·요약하여 나타내면 다음 표와 같다.

〈표 〉 수학기호들의 발명시기 연표

AD 1360	1400	1500	1600	1700	1800
+ (AD 1360)	− (1489)	$\sqrt{\ }$ (1525)	× (1618)	Σ (1755)	
		= (1577)	< > (1631)		
			∞ (1655)		
			÷ (1659)		
			d (1675)		
			∫ (1675)		

제3장

박사가 사랑한 수식

◆ ◆ ◆

특정한 조건에서 적절한 추론을 거쳐 동일한 결론에 도달하도록 하는 사고를 수학은 요한다. 수학에서는 기호논리가 매우 중요하다. 관계를 맺고 이어주는 학문적 특성을 수학은 갖는다. 이 책은 이러한 맥락에서 제곱근에 해당하는 root(√:근) 근원의 의미를 잘 살리는 캐릭터를 소개한다. 80분의 제한된 시간 환경 내에서 박사라는 상징적 존재가 등장하여 과거의 기록에 기초한 연속된 삶을 살아간다.

◆ ◆ ◆

수량적 기초 하에 우리 일상의 삶이 마련되었다고 해도 과언은 아니다. 이 책에서는 분류와 각종 대상들의 수량화 활동이 빈번하고 구체적으로 등장한다. 이 소설에서는 1992년 3월, 10년, 1975년, 30년, 80분의 시각 및 시간관련 표현, 신발사이즈, 물건 가격 및 연산, 키 160cm 등의 수치가 주어진다. 온도(75°C)의 활용, 야구경기 관람을 위한 야구기록을 해석하고 의미를 부여한다. 수학의 가장 기본적인 분류(옷의 분류, 신체의 분류, ...)가 어떤 수를 만나게 되면 어김없이 수학적 아이디어, 개념과 연관을 짓는다.

나아가 박사는 수들의 개념적 관계 맺기를 즐겨하고 있다. 그러한 예로서 24는 4와 관련지어 24=4×3×2×1=4!로 나타내고, 전화번호인 576−1455는 1에서 1억까지 소수의 개수로, 2월 20일에는 220과 No 284를 관련지어 우애수(또는 친화수)로 관계를 맺는다. 곧 220의 경우에 자신을 제외한 약수의 합이 284, 284인 경우에는 반대로 220이 된다. 또 다른 우애수의 경우로는 1184와 1210이 해당된다.

자신을 제외한 약수의 합이 곧 자신과 같아지는 것으로 완전수를 말하는데 이에는 6, 28, 496 등이 있다. 또 다른 분류는 부족수(자신을 제외한 약수의 합이 자신보다 적은 경우로 소수를 포함해 4, 8, 10 등), 초과수(과잉수: 자신을 제외한 약수의 합이 자신보다 큰 경우로 12, 24 등에 해당)라 부른다. 자연수들 중 차지하는 비율 순으로 부족수, 초과수, 완전수 순이다.

바둑돌로 어떤 모양 패턴을 추구할 때 삼각형 모양이 되면 삼각수가 되고 사각형 모양이 되면 사각수가 된다.

야구를 워낙 좋아해서 미국 메이저 리그의 전설적인 홈런 타자인 베이비 루스는 1935년 통산 714개의 홈런을 쳤으며, 행크 아론은 그 보다 하나 많은 715개의 홈런을 쳤다. 이 두 수를 소수와 관련지어 나타내어 보니, 714=5×11×13인데 이 인수들의 합은 29이고, 715=2×3×7×17로 인수의 합 역시 29이다. 따라서 714×715=2×3×5×7×11×13×17로 특정한 관계를 맺는다는 사실도 밝혀낸다.

첫 번째 이야기, 초월수 e

어떤 수가 유리계수를 갖는 다항식의 근이면, 그 수를 대수적 수(algebraic number)라 고 부르고 그렇지 않으면 초월수(transcendental number)라 부른다. 1882년 린데만(F. Lindemann)은 π가 초월수임을 보였다. 이는 자와 컴퍼스만으로 원의 넓이와 같은 정사각형을 작도하는 원적문제가 불가능하다는 사실을 보인다. 한편 에르미트(Charles Hermite, 1822-1905)는 e가 초월수임을 증명하였다. 초월수는 정수들의 유한한 조합으로 표현할 수 없다. 사람들이 수에 대한 연구를 시작한지 2000년 동안 존재하지 않던 수였다.

아르키메데스 수인 π와 오일러 수라 알려진 e는 수학에서 매우 중요한 위치를 차지한다. e에 대한 설명은 단조수열의 법칙이 새로운 수를 정의하는데 어떻게 이용되는지에 대한 것이다.

처음 n개의 자연수의 곱을 나타내는 기호 n! = 1×2×...×n를 이용하여 $a_n = 1 + \frac{1}{1!} + \frac{1}{2!} + \dots + \frac{1}{n!}$로 정의하고 $a_{n+1} = a_n + \frac{1}{(n+1)!}$로 되어 단조증가한다.

이 수열은 $a_n < 3$이 된다.

$$a_n < 1 = 1 + 1 + \frac{1}{2} + \frac{1}{2^2} + \frac{1}{2^3} + \dots + \frac{1}{2^{n-1}}$$

$$= 1 + \frac{1 - (\frac{1}{2})^n}{1 - \frac{1}{2}} = 1 + 2(1 - (\frac{1}{2})^n) < 3$$

곧 $e = 1 + \frac{1}{1!} + \frac{1}{2!} + \frac{1}{3!} + \dots + \frac{1}{n!} + \dots.$
$= 2,71828183\dots$

한편 e는 무리수인데 $\sqrt{2}$가 무리수임을 증명하는 동일한 방법으로 증명할 수 있다. e는 하나의 실수로서 2와 3사이에, 2.7과 2.8 사이, 2.71과 2.72 사이에 어딘가에 존재한다. e는 수학적으로 매우 자연스럽고 자연 자체의 일부로서 친밀한 수이다.

수학자들은 이런 배경으로 만들어진 수 e에 관한 이야기와 e에 대한 지식을 이용해서 자연수에 대한 성질로 소수의 무한성 등을 증명해 왔다. 성장하고 쇠퇴하는 생명의 기본적인 과정은 $y = e^x$에 의해 결정되는 곡선으로 수학적으로 가장 정확하게 표현된다. 그래서 수 e는 확률과 통계, 생물학과 물리학, 탄도학, 공학, 재정학 등 수학의 다양한 응용분야에서 대단히 중요하다.

두 번째 이야기, $e^{i\pi}+1=0$

우리는 수학을 행하기 위해 존재하는 것에 의미를 부여한다. 시작의 의미를 갖는 '1'로부터 시작은 태동한다. 이어서 없는 것에 대한 것을 '0'으로, 초등학교 6학년 때 원의 공통성을 찾은 결과로서 원주율 π를 학습한다. 중학교 때 자장을 이해하는 관점에서 허수 곧 $\sqrt{-1}=$i를 만나게 된다. 지구상의 위치를 극좌표로 나타내는 것을 미루어 짐작할 수 있다. 고등학교의 이과에서 사용되는 초월수는 e이다. 자연로그라 불리는 e가 바로 그것이다.

e는 2가지 관점에서 특이한 성질을 갖는다. 첫 번째로는 극한 값과 관련된다. 1을 계속해서 곱해도 1이다. 곧 $1^n=1$이다. 그리고 1보다 조금 적은 수를 계속해서 곱하면 0에 다다르게 된다. 곧 $r^n=0, 0<r<1$인 경우이다. 반면 1보다 조금 큰 수를 계속해서 곱하면 무한대(∞)가 된다고 직관적으로 설명한다. 그런데 $\lim_{x\to\infty}(1+\frac{1}{x})^x<3$이 되어 e에 해당된다. 한편 $e^x=\sum_{n=0}^{\infty}\frac{x^n}{n!}$로 정의되어 이를 아무리 많이 미분하더라도 e^x에 해당되며 원함수와 미분함수는 아무런 변화를 초래하지 않는다. 대부분의 x^n 형태의 다항함수라도 계속해서 미분하면 그 변화가 궁극적으로는 변화가 없는 상태에 이르러 0이 되는 반면에, 이 e^x는 변하지 않는다. 자연에 존재하는 전체와 부분이 크기만 다를 뿐 모양이 같게 되는 프렉탈 모형이 많이 존재한다. 그래서 e를 자연로그라 부를지도 모른다.

곧 아무런 연관이 없어 보이는 0과 1, i π, e가 모여 아름다운 하나의 수식으로 탄생되며, 이는 물리학에서의 4대 힘을 통합하는 것에 비유될 수 있다.

오일러가 만든 이 수식은 지구 북극에서 항해와 관련시켜 설명될 수 있다. 지구는 구에 해당되기 때문에 원주율 π를 지니고 있다. 북극은 자장과 관련되며, 원을 아무리 미분해도 그 변화율은 항상 같다. 그래서 북극의 한 지점(0)에서 어느 한 방향으로 일정한 속도(1)을 유지하여 계속 항해한다면 출발한 곳으로 마침내 돌아올 수 있다. '$e^{i\pi}+1=0$' 의 수식이 실재 적용되는 것으로 물리계에서도 존재하게 된다.

좀 더 수학적인 관점으로 접근하여 '$e^{i\pi}+1=0$'의 수식을 증명해 보자.

- 오일러의 법칙을 증명하기 위해서는 $\sin x$, $\cos x$, e^x의 맥클로린 급수 전개를 알아야 한다. 이들을 차례로 살펴보면 다음과 같다.

$$\sin x = x - \frac{x^3}{3!} + \frac{x^5}{5!} - \frac{x^7}{7!} + \ldots = \sum_{m=0}^{\infty} \frac{(-1)^m x^{2m}}{(2m)!}$$

$$\cos x = 1 - \frac{x^2}{2!} + \frac{x^4}{4!} - \frac{x^6}{6!} + \ldots = \sum_{m=0}^{\infty} \frac{(-1)^m x^{2m+1}}{(2m+1)!}$$

$$e^x = 1 + \frac{x}{1!} + \frac{x^2}{2!} + \frac{x^3}{3!} + \ldots$$

e^x의 맥클로린 급수에서 x대신 ix를 대입한다. 그러면 이 수식은

$$e^{ix} = 1 + \frac{ix}{1!} - \frac{x^2}{2!} - \frac{ix^3}{3!} + \frac{x^4}{4!} + \frac{ix^5}{5!} - \frac{x^6}{6!} - \ldots$$

$$\cos x + i\sin x = 1 + \frac{ix}{1!} - \frac{x^2}{2!} - \frac{ix^3}{3!} + \frac{x^4}{4!} + \frac{ix^5}{5!} - \frac{x^6}{6!} - \cdots$$

위 두 식을 보면 $e^{ix} = \cos x + i\sin x$라는 식이 성립한다. 여기에서 x 값에 파이를 대입하면 $e^{\pi i} + 1 = 0$이라는 오일러의 공식을 얻게 된다.

세 번째 이야기, 소수(prime number)

기하학의 아버지 유클리드는 처음으로 소수를 정의했고, 소수가 무한히 많다고 예언했다. 소수는 기본 토대, 본래라는 뜻을 가지고 있다. 소수가 다른 수들로 나눠지지 않는다는 건 그만큼 뚝심이 있다는 의미이다. 고매한 소수를 알아가는 건 유한한 인간이 무한한 자연을 이해하기 위한 출발선이자 기초과학의 시작이다.

어떤 숲에 사는 매미 종의 수명이 각각 13년과 17년이다. 소수로 나타나는 이 기간 동안 땅 속에 있다가 지상에 올라와 6주간 짝짓기를 한다. 13년과 17년이라는 시간 동안 서로 안 겹치게 출현하여 먹이와 번식 등, 과다 경쟁을 피한다. 이것은 진화적 노력이기도 하다. 그 중심에 소수가 있다.

자연수는 앞서 밝힌 바와 같이 으뜸 수인 1과 소수(자기 자신과 1만 약수를 갖는 수)와 합성수로 이루어져 있다. 소수는 다른 수를 만들어 나가는 바탕이 되는 수, 최고로 순수한 수, 자기보다 작은 두 수의 곱으로 표현되지 않는 수, 1과 자신만을 약수로 갖는 수로 정의된다. 오늘날 컴퓨터 암호에 특별한 의미로 사용되고 수많은 수학적 성질을 이해하는데 소수는 많은 역할을 한다. 이에 대해 몇 가지 소수 판정법에 대해 알아보고자 한다.

먼저 바둑돌로 소수 판정하는 방법을 살펴보자.

어떤 수에 해당하는 개수만큼의 바둑돌을 가지고 직사각형 모양으로 나열해 보자. 예를 들면 5, 즉 다섯 개의 바둑돌로는 일직선 모양의 직사각형 형태만 만들 수 있다. 돌리거나 이동해서 겹쳐지는 것은 같은 종류로 하여 '하나'라고 하자. 이 경우 한 줄로 옆으로 다섯 개만 나열하는 것이 가능하며 1과 5만의 약수를 갖는다. 곧 하나의 모양일 경우 소수에 해당된다.

5개
1줄 ●●●●●, 이 경우 1과 5만 약수를 가지며 소수에 해당된다.

한편 12인 경우, 즉 열 두 개의 바둑돌로 직사각형 모양으로 배열해 보자.

●●●●●●●●●●●●	1줄로 12개 1×12 또는 12×1 (곱셈의 교환법칙)
●●●●●● ●●●●●●	2줄로 6개씩 2×6 또는 6×2
●●●● ●●●● ●●●●	3줄로 4개씩 3×4 또는 4×3

곧 가로, 세로 개수에 해당하는 수를 한 번씩만 쓰면 1, 2, 3, 4, 6, 12로 12는 6개의 약수를 갖는 수임을 알 수 있다. 한편 놓을 수 있는 것 중 줄 수에 해당되는 것만 관찰해 보자. 이 중 2, 3은 소수에 해당된다. 곧 줄 수 중 소수로 표현이 가능하다면 소인수분해 과정과 관계됨을 알 수 있다. 앞선 표에서 12는 ×에 해당되어 2와 3인 인수를 갖는다. 곧 12는 다음과 같이 표현되며, $2\times2\times3=2^2\times3$ 이는 약수의 개수, 합을 구하는 골격을 이룬다. 약수와 소수의 개념을 관련지어 다음과 같은 생각을 전개해 볼 수 있다.

- 소수의 개수와 활동과의 관계
    - 약수의 개수가 1개인 수 : 1
    - 약수의 개수가 2개인 수 : 소수에 해당됨 (체 판을 사용했을 때 최소의 수)
    - 약수의 개수가 3개인 수 : 소수의 제곱수만 해당 $(2^2, 3^2, 5^2, 7^2, 11^2, 13^2)$
    - 약수의 개수가 4개인 수 : 서로 다른 두 소수의 곱 또는 소수의 세제곱 해당 수
    - 약수의 개수가 5개인 수 : 소수의 네 제곱수만 해당 $(2^4(16), 3^4(81))$

- 약수의 개수가 소수 개에 해당되는 수의 특징은? 소수의 거듭제곱 꼴 수만 해당

- 1에서 200까지 수 중 약수의 개수가 가장 많은 수는?
    - $180 = 2^2 \times 3^2 \times 5$로 $(2+1)(2+1)(1+1) = 18$로 18개의 약수를 갖는다.

다음과 같은 소수와 관련된 생각거리가 있다. 먼저 골드바흐의 추측(2보다 큰 짝수는 2개의 소수의 합으로 표시할 수 있다)으로 그 사례는 $10 = 3+7$ 또는 $5+5$로 표현된다. 매우 다양한 사례들을 조사해도 이 성질을 만족하지만 과연 그런지는 아직 증명되지 않았다.

암호를 만들기 위한 것으로 메르센 소수($2^n - 1$ 형태로 나타내는 소수를 들 수 있는데, 그 사례로는 $2^2 - 1 = 3$, $2^3 - 1 = 7$, $2^5 - 1 = 31$, ...를 들 수 있으며, 메르센은 거듭제곱이 2, 3, 5, 7, 13,

17, 19, 31, 67, 127, 257일 때 소수가 된다. 현재 50번째 메르센 소수로 자릿수만 2000만개로 $2^{77232917}-1$이다.

그 밖에 페르마 소수($2^{2^n}+1$ 형태의 소수)로 그 예는 $2^{2^1}+1=5$, $2^{2^2}+1=17$이 있다. 또 다른 소수에 관한 성질로는 소수는 무한하다는 것이다. 이에 대한 간단한 증명은 이렇다. 소수의 개수가 유한하다고 가정하자. 그러면 (가장 큰 소수 +1)의 수는 유한개의 소수로 나누어 떨어져야 하는데 그렇지 않기 때문에, 소수는 무한하다.

쌍둥이 소수라는 것으로 서로의 차이가 2인 두 소수 (3,5), (5,7), (11, 13), (29, 31), (599, 601) 등을 들 수 있다.

한편 소수를 사용하여 만든 영화나 문학작품들로는 7번방의 선물, 13일의 금요일, 59년 왕십리, 101마리 달마시안 강아지, 1987년 등을 들 수 있다.

네 번째 이야기, 에라토스테네스 체 만들기 및 수학적 생각

최초로 소수 판정법으로 에라토스테네스 체 이야기를 전개해 보자면 다음과 같다.

1에서 100까지 수 중, 1을 제외한 해당 수(2에서 100까지)에 탁구공을 올려놓고, 그 아래에 첫 수의 배에 해당되는 수는 모두 아래로 빠지도록 설계하자.

첫 번째 판은 2를 남기고 2의 배수는 모두 빠지게 한다. 그러면 49개의 수에 해당되는 탁구공은 아래로 빠진다. 두 번째 판은 2, 3을 남기고 남은 공 중 3의 배수에 해당되는 공을 제거시킨다. 17개가 빠진다. 세 번째 판은 2, 3, 5는 남기고, 5의 배수를 제거시킨다(6개의 수). 네 번째 판은 7을 남기고 7의 배수를 제거시킨다(단 49 하나의 수에 해당된다). 그러면 남은 공은 25개만 남는다. 즉 2, 3, 5, 7 네 개의 판만 있으면 1에서 100까지 중 소수를 골라내는 에라토스테네스 체는 완성되는 셈이다.

만일 200까지 연장하면 어떻게 될까? 몇 개의 판이 더 필요할까? 왜 그렇다고 생각하는가?

다음은 에라토스테네스 체를 활용하여 소수를 골라낸 경우로 동그라미를 친 것이 소수에 해당된다.

1에서 100까지의 활동 결과는 다음과 같으며, 2, 3, 5, 7의 배수들을 제거하기 위해 네 개의 판이면 족하다. 왜냐하면 11^2이 121로 11판은 필요하지 않기 때문이다.

1	2	3	4	5	6	7	8	9	10
11	12	13	14	15	16	17	18	19	20
21	22	23	24	25	26	27	28	29	30
31	32	33	34	35	36	37	38	39	40
41	42	43	44	45	46	47	48	49	50
51	52	53	54	55	56	57	58	59	60
61	62	63	64	65	66	67	68	69	70
71	72	73	74	75	76	77	78	79	80
81	82	83	84	85	86	87	88	89	90
91	92	93	94	95	96	97	98	99	100

101에서 200까지 계속 활동

101	102	103	104	105	106	107	108	109	110
111	112	113	114	115	116	117	118	119	120
121	122	123	124	125	126	127	128	129	130
131	132	133	134	135	136	137	138	139	140
141	142	143	144	145	146	147	148	149	150
151	152	153	154	155	156	157	158	159	160
161	162	163	164	165	166	167	168	169	170
171	172	173	174	175	176	177	178	179	180
181	182	183	184	185	186	187	188	189	190
191	192	193	194	195	196	197	198	199	200

- 200까지는 11, 13의 두 개의 판만 더 있으면 족하다. 마찬가지로 17^2이 289이기 때문이다.

이 활동을 한 후 제기될 수 있는 질문과 그 결과는 다음과 같이 정리할 수 있다.

첫째. 100까지 소수의 개수는 모두 몇 개인가?

- 25개로 1과 2의 배수를 포함한 50개, 짝수가 아닌 3의 배수는 17개, 나머지 5만의 배수가 6개, 7만의 배수 3개가 그것이다.

둘째, 200까지 소수의 개수는 모두 몇 개인가?

- 총 46개이며, 그 전개방식은 위의 100까지의 생각을 연장하면, $200-(50+50+17+16+6+6+2+3+3+1)$로 $200-75-79=25+21=46$이 된다.
- 7의 배수에만 해당 되는 수는 100까지는 49(7×7), 77(7×11), 91(7×13)로 3개이며 100부터 200까지는 119(7×17), 133(7×19), 161(7×23) 3개이다.
- 11의 배수만 해당 되는 수는 3개(121(11×11), 143(11×13), 187(11×17))이다.
- 13의 배수만 해당 되는 수는 단 하나 로 169(13×13)이다.

셋째, 쌍둥이 소수는 몇 쌍인가?

- 15개로 다음과 같다. (3, 5), (5, 7), (11, 13), (17, 19), (29, 31), (41, 43), (59, 61), (71, 73), (101, 103), (107, 109), (137, 139), (149, 151), (179, 181), (191, 193), (197, 199)

넷째, 소인수 분해 했을 때 인수를 3개 갖는 수들은 어떤 것이 있으며, 가장 작은 수와 큰 수를 구하라.

- 30과 198이며, 그 수들은 30, 60, 66, 70, 78, 84, 90, 102, 105, 110, 114, 120, 126, 130, 132, 138, 140, 150, 154, 156, 165, 168, 170, 174, 180, 182, 186, 190, 195, 198 이다.

다섯째, 1에서 200까지 인수를 4개 갖는 수는 존재하는가?

- 없다. 왜냐하면, 인수 4개를 갖는 것은 $2\times3\times5\times7=210$이기 때문에 4개의 인수를 갖는 최소의 수이다.

여섯째, 약수의 개수가 3개인 수들은 몇 개인가?

- $2^2, 3^2, 5^2, 7^2, 11^2, 13^2$로 6개이다.

일곱째, 약수의 개수가 5개인 수들은 몇 개인가?

- $2^4, 3^4$로 2개이다.

다섯 번째 이야기, 완전수

6의 약수는 1, 2, 3, 6이다. 자신을 제외한 약수들의 합이 자신과 같다면 곧 1+2+3=6이 되어 완전수에 해당된다.

6과 관련된 내용으로는 가장 좋은 물은 육각수에 해당하며, 공간 도형 중 가장 안정된 모형이 육각기둥 모양이며, 이는 벌집에 해당된다. 대나무의 속껍질 속에다 꿀을 재어두면 육각기둥 모양으로 자리를 잡는 것을 관찰할 수 있다.

또한 성경의 창세기에서 하느님께서 쉬지 않고 일할 수 있는 시간도 6일이다. 우리는 과거 일주일 내내 쉬지 않고 일하다가, 달력이 보급되면서 빨간 날에 해당되는 일요일에 쉬었지만(물론 기독교 정신에 따르면 주일이 되고 이 날은 온전히 하느님의 날이기에 인간은 신을 생각하며 안식을 갖는 의미), 요즈음은 주 5일 일하고 2일을 쉰다. 이제 하느님보다 낮은 존재로서 일하게 된다는 의미로 읽을 수도 있다. 주사위도 암묵적으로 정육면체로 이루어진다.

6 다음의 완전수는 28이다. 1+2+4+7+14=28이다. 이 28은 달의 공전주기에 해당되며, 가장 건강한 여성의 신체리듬과 관련되어지고, 과거 태음역의 기본 주기에 해당된다. 이러한 관점에서 볼 때 수에 대한 의미를 구현해서 삶을 이해하고자 한 흔적들이 문화유산으로 남아 있다고 볼 수 있다.

- 완전수는 자신을 제외한 다른 약수들의 합이 자신과 같은 수입니다.
- 현재까지 알려진 완전수는 모두 육각수에 해당한다고 합니다.

이를 확인해 보세요.

6, 28, 496, 8128, 33550336, 8589869056, 137438691328,

완전수 : $2^{n-1}(2^n - 1)\ (n \geq 2)$

- n=2 : 2×3=6
- n=3 : 4×7=28
- n=5 : 16×31=496
- n=7 : 64×127=8128
- n=13 : 4096×8191=33550336

⋮

독서 후기

「박사가 사랑한 수식」은 자신이 내면에서 원하는 것을 알고 탐구하는 사람은 물질적인 풍요가 충분치 않아도 그 삶 속에서 소소한 행복을 느끼며 즐겁게 살아갈 수 있다는 것을 잘 말해준다. 주인공 '박사'는 비록 교통사고로 인해 80분마다 새로 덧씌워지는 기억력을 가지게 되었지만, 자신의 삶 전부를 자신이 가장 좋아하는 수학과 항상 함께한다. 그의 주변에서는 그러한 삶을 나태하고 풍요롭지 못한 삶이라 비판하지만, 정작 그 자신은 자신이 좋아하는 것을 확실히 알고 그것을 삶 속에서 실천하며 소소하게 살아가고 만족을 느낀다. 이러한 박사의 조용한 삶을 읽으면서, 만족스러운 삶에 대해 세상이 강조하는 바가 항상 옳지는 않다는 것을 다시 깨닫게 되었다. 비록 부지런한 성취를 지향하는 세상의 시각에서 본다면, 목표를 위해 쉼 없이 달려가기보다 좋아하는 것을 실천해나가며 소소한 만족을 느끼는 그의 삶은 실패한 인생이나 다름없다. 하지만 그런 박사를 서술하는 소설의 따뜻한 시선은 오히려 세상의 시각이 틀렸음을 보여주고 있었다. 삶은 바로 개인 자신을 위한 것이라는 관점에서 보니, 삶 속에서 만족을 찾은 박사의 삶은 내가 보기에 소설 속 어느 누구의 삶보다도 훌륭해 보였다.

수학 박사인 그는 새로운 사람을 만났을 때 그 나름대로의 인사법이 있다. 이름을 물어보는 대신 집 전화번호, 신발 사이즈 같은 '숫자'와 관련된 질문을 하는 것이다. 숫자 하나하나가 어떤 의미를 갖고 있는지, 그 의미가 얼마나 아름다운 것인지 박사는 말한다. 주인공의 집 전화번호도, 야구 선수의 등번호도 그에게는 아름답다. 완전수를 설명할 때, 사랑스러운 소수들을 소개할 때 반짝이는 박사의 눈빛이 마치 내 눈앞에 그려지는 것 같다.

이 책에서 다른 부분보다도 가장 기억에 남는 부분은 아파서 누워있은 후 또 다시 기억이 사라지고 1975년으로 돌아간 박사가 자신의 기억은 80분밖에 지속되지 않는다는 메모를 읽고 흐느끼는 장면이다. 하루에도 몇 번씩 그 메모를 읽으면서 새로운 슬픔에 빠져드는 박사의 마음은 대체 어떨까? 매일매일 '이미 그 자신 안에서는 죽은 사람'이라는 말이 내 뇌리 속에 깊게 새겨졌다.

구체적인 수학에 대한 얘기를 소개하면 다음과 같다. 예를 들면, 그는 아무 관련이 없어 보이는 파출부의 생일이 2월 20일인 것과 박사 자신의 학장상이 284번인 것의 관계를 사랑한다. 220과 284는 '우애수'인 것이다. 박사는 이를 신의 주선으로 맺어진 숫자라며 감탄한다. 두 숫자가 멋진 인연으로 맺어지는 순간이다. 파출부는 이 관계가 마냥 신기하기만 하다. 그녀에게는 다소 뜬금없는 '우애수'라는 개념이 갑자기 사랑스럽게 느껴지는 것이다. 여기서, 박사가 우애수라는 것을 파출부에게 억지로 가르치려 했다면 그녀는 우애수에 대해서 이렇게 신비로움과 사랑스러움을 느낄 수 있었을까? 아마 아닐 것이다. 박사는 우애수에 대한 애정으로 의도치 않았지만 여자에게 우애수를 가르친 것이다. 그 애정이 얼마나 잘 전달되었는지는 그 후 여자가 혼자서 다른 우애수를 찾기 위해 시도해보는 모습에서 충분히 잘 알 수 있다. 우애수를 찾던 여자는 28, '완전수'까지도 찾게 된다. 박사는 파출부와 그녀의 아들에게 우애수 뿐만 아니라 여러 가지 수학의 아름다움에 대해 가르쳐준다. 결국은 이 아름다움에 파출부도 심취해 스스로 눈에 보이는 숫자들의 의미를 탐구하고 수학의 아름다움에 이끌려 도서관에 가기도 한다. 이 일련의 순환이 참된 교육의 모습이 아닌가 생각한다. 아이들에 대한 애정뿐만 아니라 학문에 대한 애정을 가지고 그 애정을 학생과 공유하는 교사의 모습이 바로 참된 교사의 모습이 아닌가 생각한다. 박사는 이 모든 것을 아주 자연스럽게 해내고 있는 것이다.

그리고 박사는 매번 자신이 한 일에 대해서는 매우 겸손하지만 파출부와 그녀의 아들이 해낸, 박사의 수학보다는 다소 단순한 수학에는 칭찬에 칭찬을 거듭해도 부족하다는 듯이 감격한다. 박사가 아들에게 문제를 하나 냈는데 그것을 여자는 고심 끝에 풀어냈다. 그것을 박사에게 설명하면서도 여자는 그녀의 깨달음이 유치한 어린애 장난 같은 수준이라고 생각하고 있었다. 하지만 박사는 벌떡 일어나 박수를 쳤다. 매우 힘차고 따뜻한 박수이다. "대단해. 정말 아름다운 식이다. 잘했어.", "정말 훌륭하다. 네 손에서 이런 식이 태어나다니……." 여자는 방금 전까지는 자신이 없어서 풀이 죽어있었는데 박사의 열렬한 칭찬을 보고 지금은 더없이 자랑스러운 기분이 된다.

제4장

뿌리 깊은 나무

조선시대, 세종과 집현전 학사들이 한글 창제로 혼신의 노력을 다 할 때, 중국(당시 명나라)과 일부 기득권 사대부들이 이를 방해하면서, 궁궐에서 집현전 학사의 연쇄 살인 사건이 일어난다. 오늘날 초급 검찰수사관으로 겸사복 채윤이 연쇄 살인 사건을 해결하는 과정을 추리소설 형식을 빌리면서, 당시 한글의 음운 구조 및 시대상, 당시의 철학관, 중국과의 역학관계, 오행에 대한 실질적인 의미에 대해 인간사에서의 적용과 그 일련의 과정에 대한 이해를 기반으로 하여 탄생한 작품이다.

당시 우주를 포함한 자연의 수학적 이해를 중심으로 살펴보자.

성리학의 기본사상으로 태극도성을 들고 있는데, 이 태극도성은 '무극에서 만물에 이르는 우주의 생성변화와 인간윤리 도덕을 하나의 법도로 설명한 것'으로 태극(궁극적 리(理))을 나타내며, 이에서 음과 양의 2기(氣)가 비롯되며 다시 수, 화, 목, 금, 토의 오행이 나타나며, 이성(태극), 선과 악(음양), 仁義禮智信(五常)과 대비된다.

天元地方 곧 하늘은 둥글고 땅은 네모라고 여기며, 당시 이를 반영한 것으로 당시의 엽전인 조선통보(둥근 외양에 중간에 네모 구멍을 냄)를 발행했고, 이에 근거하여 궁궐을 건축하였다. 근정전은 천원지방을 따르고 여덟 기둥(삼재와 오행으로 주역의 팔괘)으로 하고, 중간내진으로 12칸은 12달을 상징하며, 외진 사각 기둥 24개는 24절기를 의미한다. 이러한 사례는 수의 조합과 산술로 성립시킨 전형적인 사례라는 점이다. 첫 범행이 발생한 우물 또한 이러한 원리를 반영한 사례로 나타난다. 마방진도 이러한 사상을 반영한 것으로 보고 있다.

특히 오를 상징하는 대표적인 오행과 관련한 독특한 관점들을 구체적으로 살펴보자면 다음과 같다. 자연에서 수, 화, 목, 금, 토의 관계를 상생, 상극을 연결한 의미 및 그 활용, 그에 수반하여 다양한 오(五)와 관련한 내용들이 언급된다.

먼저 상생관계를 나타내는 내용으로

木生火 火生土 土生金 金生水 水生木

나무가 부대끼며 불, 탄재는 흙, 쇠는 흙에 묻혀 있다 나오니, 맑은 물은 큰 바위에서 나오니, 물이 나무를 살게 한다.

다음 상극관계를 나타내는 내용으로는

水克火 火克金 金克木 木克土 土克水

불을 끄려면 물이, 쇠를 제련하려면 불이, 나무를 베려면 톱이, 흙에 나무가 뿌리를 내리고, 물을 막으려면 흙이 요구된다.

나아가 이들 오행관련 내용은 다시 계절, 색깔, 우리 신체인 오장과 관련하여 설명한다.

- 새싹 봄 : 木에 해당되며, 잎은 푸르고 靑, 신체 중 간장에 해당
- 여름 : 火에 해당하며, 색깔은 赤을 띠며 심장에 해당됨
- 늦여름 : 土에 해당되어, 색깔은 黃, 비장에 해당됨
- 가을 : 물기 없음으로 金에 해당, 색깔은 白, 폐장에 해당됨
- 겨울 : 차가움으로 水에 해당, 색깔은 黑, 신장에 해당됨

이는 우리나라 음계와 관련시켜 각각 각(角), 치(徵), 궁(宮), 상(商), 우(羽)와 대응되며 나아가 아설순치후로 오음, 오상과도 관련된다.

그리고 이 작품에서 발생하는 살인 사건을 관련시킨 것은

- 土 (1) 水 성삼문 – 水
- 水 (2) 火 장성수 – 역사에 대한 지식, 분서 (火)
- 火 (4) 金 윤필 – 음악(민간노래), 향악, 주자소(합금비율 및 새로운 서체) 金
- 金 (3) 木 허담 – 지도제작, 닥종이 (木)
- 木 (5) 土 정초 – 농사직설 土

다음으로 마방진(3차 마방진, 지수귀문도)과 음소마방진을 살펴보면 다음과 같다. 방이란 네모꼴이니 아홉 숫자의 가로, 세로, 대각선의 합이 같도록 배열한 것이 3차 마방진에 해당되며, 이는 각 숫자가 중복되지 않고 들어가며, 정밀한 법칙에 따라 하나가 된다는 의미를 갖는다. 모두가 제 자리에서 고유한 의미를 잃지 않은 채 질서 속에 공존하며 그 해는 다음과 같다.

4	9	2
3	5	7
8	1	6

완벽한 숫자와 도형의 조합을 의미하며, 나아가 해가 아니라 해법을 구하라는 암시를 채윤에게 소이가 알려준다. 곧 수의 세계는 곧 질서의 세계를 표방하고, 질서는 하나의 원리 위에 세워진다. 원리가 없는 질서란 없다고 저자는 밝힌다.

다음으로 음소마방진에 대한 내용이다. "목적에 따라 지식을 받아들이고 엮어서 새로운 궁리로 통하게 한다." 라고 하면서 다음을 제시한다.

8	7	
4	1	
6	3	

ㅅ	ㄴ	ㄱ
ㅣ	ㅡ	·
ㅁ	ㄹ	ㅇ

이를 기존의 마방진과 관련시켜, 새로운 문자의 기호가 되는 기호, 이 기호들이 합치고 어울려 세상 모든 말소리의 조화를 이루는 것으

로 소개한다.

자음에 해당되는 것으로 ㄱ-ㅋ-ㄲ, ㄴ-ㄷ-ㅌ, ㅅ-ㅈ-ㅊ, ㅁ-ㅂ-ㅍ, ㅇ-ㆆ-ㅎ, ㄹ(반혓소리)-ㅿ(반잇소리)-ㆁ가 있다. 모음으로는 아, 으, 이 → 야, 어, 여, 오, 요, 우, 유의 10자로 모두 자음, 모음 합하여 28자가 되어, 하나의 사물에 하나의 글자와 하나의 소리가 조응하는 것이 중화의 글인 반면에, 적은 소리로 많은 뜻을 싣는 소리 문자로, 즉 소리가 곧 글이 되고 글이 곧 소리가 된다. 이는 세상의 모든 소리가 궁, 상, 각, 치, 우 오음에서 나오며, 소리의 기준을 세워서 아설순치후 오음으로 모두를 표현하는 것이 된다.

이 글에서 집현전 학사는 28명이며, 이를 마방진의 일종인 지수귀문도(1에서 30까지 숫자를 써서 각 육각형의 합이 같아야 하며, 각 육각형 합이 93이 되는 것으로 그 한 육각형 6개 숫자로 26, 5, 4, 27, 21, 10)를 제시하였다. 이에 대한 의미로 완벽한 개별성 위에 이루어진 완벽한 집단성을 의미한다고 했다. 각각의 수에 해당하는 28명을 제외한 2개의 해당하는 것은 세종대왕과 궁녀 소이를 뜻하며, 이는 수학의 '0'과 같은 의미를 부여하여, 말없음(말하고자 하나 말하지 못함의 의미와 말 할 수 있으나 말하지 않은 것)의 의미이다. 이는 곧 말하지 않고 뜻을 전한다면 수많은 말보다 나을 것이니 그것이 으뜸 되는 음소를 의미한다고 저자는 풀이하고 있다. 또한 음양오행의 이치, 건곤의 섭리, 천·지·인 삼재와 천원지방의 원리. 그 모든 조화를 28자 글자가 완벽하게 끌어안음으로 해석한다.

또한 이 소설에서는 수, 수학과 관련된 특성과 본질을 논하고 있다.

우선 수에 대해서, '수는 거짓을 모른다. 하나에 하나를 더하면 둘이 되고, 하나에서 하나를 빼면 아무 것도 남지 않는다. 이 여인 역시 수와 셈의 그 정확성과 명료함에 천착하는 것'이라고 하며, '수의 세계는 완벽하고 조화로울 뿐만 아니라 지극히 아름답다'고, '수의 세계는 곧 질서의 세계를 표방하고, 질서는 하나의 원리 위에 세워진다. 원리가 없는 질서란 없다'고 전하기도 한다. 하나의 해답이 또 하나의 질문을 낳는 것이 산학의 원리라고 하며, 이치를 근거로 유추하고 증명해 가는 산학의 세계라고 조명한다. 나아가 경세실용과 격물치지를 논하고 있다.

일상 삶과 타 학문 영역에서 펼치는 추론의 세계를 살펴보자.

보는 대로 보이고 아는 만큼 보인다고 하면서, 미술 분야에서의 활용이 걸출한 화공은 사물의 내면과 본성을 그린다고 하면서 보이지 않는 것을 그리는 그림, 나아가 생각과 영혼까지 담아내는 화풍을 강조하여 작가의 혼을 이야기한다. 저자는 한 걸음 더 나아가 '보이는 것으로 보이지 않는 이면을 미루어 알라'는 일상적 추론 방법에 대해 제안한다.

다음으로 신언서판과 관련하여 '한 자의 글씨는 한 사람의 성정과 학덕, 나아가 심성과 충동까지 드러낸다'고 밝히며, 글쓰기(서체)에 관한 내용을 담고 있다. 가을에 피는 '국화'에 대한 설명으로 지조 있는 사대부의 마음, 시절의 혼돈에 뜻이 흔들리지 않는 꽃으로 상징시키고 있다. 영토는 공간의 전쟁으로, 역사의 명분은 시간 전쟁으로 묘사하기도 한다.

중국과 조선의 시각의 차이에 대한 이해가 있었다. 당시에는 천문대, 해시계, 물시계를 발명했다. 이와 관련된 사항으로 이치를 근거로 유추하고 증명해 가는 산학 세계의 실체를 범행시각과 관련시킨다. 이것으로 당시 중국의 문물을 받아들이되 공통성을 기초로 차이를 변별해 내고, 조선방식으로 적용하려 한 것으로 미루어 짐작할 수 있다.

곧 중국과 조선의 일몰시간의 차이와 모래시계에 관한 내용에 이어, 이를 해결하기 위해 수단으로, 하나의 상수(간의와 칠정산 외편으로 측정한 한양의 시각은 변하지 않는 상수)와 세 개의 변수(궁궐에 있었던 시각, 범죄가 일어난 시각, 모래시계를 보는 시각)간의 관계를 설명한다. 가능한 한 많은 단서를 확보할 것, 그리고 그것들을 적절한 방식으로 배열할 것, 이 때 단서는 어떤 해석도 관념도 개입되지 않을 지극히 순수하고 단순한 사실 그대로야 한다고 저자는 말한다.

이 소설에서는 음악과 관련된 내용으로 다음이 나온다. '예악을 예기에 이르기를 '예는 천지의 질서이며, 악은 천지의 조화다.' 라고 하여 사람의 도리로 여겼다. 악에는 성, 음, 악의 세 경지가 있으며, 성으로써 음을 알고 음을 살펴 악을 알고 악을 살펴 정치를 알면 바른 다스림이 이루어진다. 이는 정운이나 자학에 대한 책(운학)으로 홍무정운, 여진과 몽골운서가 있으며, 이를 참고하여 한글창제에 도움이 되었다.

음악을 이용하여 곧 뜻을 전하는 한자로 소리를 전하는 방식인데 이는 말을 못하는 소이가 세자빈과 담론하는 방식이며, 이두와 비슷한 성격을 갖기도 한다.

첫 번째 이야기, 마방진의 세계

1. 홀수 차수 마방진 만드는 법

1) 가로 세로가 각각 n개로 이루어진 정사각형 마방진을 그린 다음에 마방진의 각 변에 피라미드를 그린다. 이 피라미드에서 윗변에 있는 정사각형 수는 아랫변의 정사각형의 개수보다 두 개 작게 만든다. 그렇게 올라가서 제일 꼭대기에는 정사각형이 하나만 있도록 만든다.
2) 1부터 n^2까지 숫자를 아래 그림처럼 대각선을 따라서 써 준다.
3) 처음에 그렸던 마방진(정사각형)에 들어 있지 않는 수들의 위치를 이제 정해 준다. 그 방법은 정사각형의 반대쪽 빈 칸에 수를 넣는 것이다. 왼쪽 바깥에 위치한 수는 오른쪽 빈칸에, 오른쪽 바깥에 위치한 수는 왼쪽의 빈 칸에, 위쪽 바깥에 위치한 수는 아래의 빈칸에, 아래쪽 바깥에 있는 수는 위쪽 빈칸에 넣는다.

5×5 마방진의 경우

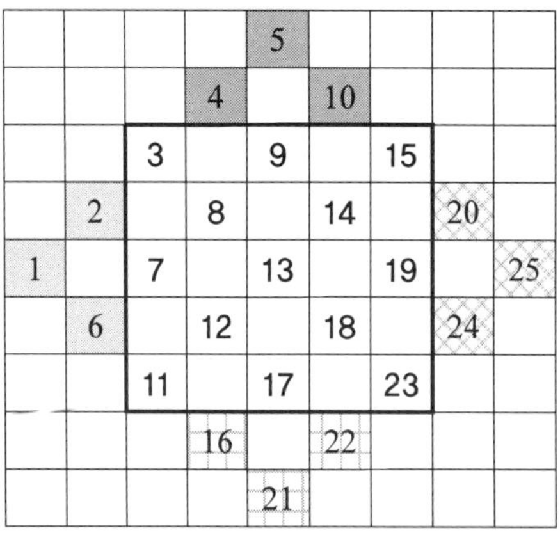

3	16	9	22	15
20	8	21	14	2
7	25	13	1	19
24	12	5	18	6
11	4	17	10	23

<마방진 응용>

* −4, −3, −2, −1, 0, 1, 2, 3, 4의 9개 수를 가로 세로 대각선 합이 같도록 배열하여 만들 수도 있다.
* 연속하는 9개의 수의 합. 항상 3의 배수인가? 9의 배수인가?
* 등차수열 9개는 가능한가?(a−4d, a−3d, a−2d, a−d, a, a+d, a+2d, a+3d, a+4d)

−1	4	−3
−2	0	2
3	−4	1

4	9	2
3	5	7
8	1	6

a−d	a+4d	a−3d
a−2d	a	a+2d
a+3d	a−4d	a+d

2. 짝수 차수인 마방진을 만드는 방법

1) 먼저 가로, 세로가 각각 n개의 작은 정사각형으로 이루어진 정사각형을 하나 만들고, 여기에 숫자를 왼쪽부터 차례로 1부터 n^2까지 쓴다. 이렇게 수를 써 넣으면 마지막 열과 첫 번째 열에 들어간 숫자의 차이는 모든 행에서 (n−1)이 된다. 행의 수가 n개이므로 마지막 열과 첫 번째 열에 들어간 숫자들의 총 차이의 합은 n(n−1)이고, 우리는 그 수를 수정해야 한다.
2) 두 개의 대각선을 중심으로 마지막 열과 첫 번째 열의 숫자 네 개를 교환해 준다. 이렇게 바꾸면 2(n−1) 만큼의 차이가 상쇄된다. 다음 단계에서는 테두리(첫 번째와 마지막 열, 첫 번째 행과 마지막 행)는 제외하고 남은 안에 든 (n−1)×(n−1)짜리 행렬에서 위에서 한 작업(두 대각선을 중심으로 첫 번째와 마지막 열의 숫자를 교환하는 작업)을 계속해 나간다.

예) 4×4 마방진

1	2	3	4
5	6	7	8
9	10	11	12
13	14	15	16

16	2	3	13
5	11	10	8
9	7	6	12
4	14	15	1

숫자 1부터 16까지 순서대로 쓴 다음에 두 대각선($y=x$, $y=-x$)을 중심으로 1과 16, 4와 13을 교환해 준다. 이 때 1과 4, 16과 13이 함께 움직여야 한다. 다음 단계에서는 대각선을 중심으로 11과 6, 7과 10을 교환하면 된다. 각 행과 열의 합은 34로 일치한다.

예) 6×6 마방진

1	2	3	4	5	6
7	8	9	10	11	12
13	14	15	16	17	18
19	20	21	22	23	24
25	26	27	28	29	30
31	32	33	34	35	36

1) 1부터 36까지 숫자를 순서대로 쓰고, 위의 그림처럼 대각선을 중심으로 수들을 바꾼다. 이 때 각 행의 수들의 합은 81, 93, 105, 117, 129, 141이다. 그러나 우리가 원하는 값은 1에서 36까지 합을 6으로 나눈 값인 111이다.

36	2	3	4	5	31	81
7	29	9	10	26	12	93
13	14	22	21	17	18	105
19	20	16	15	23	24	117
25	11	27	28	8	30	129
6	32	33	34	35	1	141
106	108	110	112	114	116	

2) 열에 있는 숫자들의 합은 그대로 두고, 각 행의 숫자들의 합이 111이 되도록 숫자들을 교환해 보자.

36	2	3	34	5	31	111
25	29	9	10	26	12	111
13	20	22	21	17	18	111
19	14	16	15	23	24	111
7	11	27	28	8	30	111
6	32	33	4	35	1	111
106	108	110	112	114	116	

- 첫 행에다 30을 더하고 6째 행에 30을 빼면 111이 된다. 두 번째 행에서 18을 더하고 5번째 행에서 18을 빼면 111이 된다. 3행에 6을 더하고 4행에 6을 빼면 111이 된다.

3) 각 열의 숫자들의 합이 111이 되도록 숫자들을 교환해 보자.

36	5	3	34	2	31	111
25	29	10	9	26	12	111
13	20	22	21	17	18	111
19	14	16	15	23	24	111
7	11	27	28	8	30	111
6	32	33	4	35	1	111
106	108	110	112	114	116	

- 2열에 3을 더하고 5열에서 3을 빼면 111이 된다. 1열에서 5를 더하고 6열에서 5를 빼면 111이 된다. 3열에 1을 더하고 4열에서 1을 빼면 열의 합 모두가 111이 된다. 이렇게 조정하려면 9와 10을, 2와 5를, 19와 24를 바꾸면 된다.

두 번째 이야기, 우리나라 문헌에 남겨진 수학 이야기

고대 국가를 효율적으로 유지하기 위해서는 토지를 정확히 측량하는 문제와 세금을 공평하게 받아들이는 일을 해결하는 것이 중요하다. 그리고 고대의 복잡하면서 웅장한 건조물은 아름다움을 기저로 하는 건축 공학이 형성되었으며 그 기본에는 수학이 있었다는 사실이다. 아래의 역사적 자료를 통해 우리나라의 수학에 대해 소개해보고자 한다.

우리나라 역사에서 볼 수 있는 수학

- 통일 신라 시대의 민정문서인 신라장적(신라 시대의 서원경(지금의 청주)) 지방 4개 마을의 재산목록으로 마을의 둘레, 가구 수, 인구, 전답, 산밭, 과실나무 수, 뽕나무의 수 및 소와 말의 수효까지 자세히 기록됨)은 신라의 정치인이 숫자를 근거로 행정을 가능한 한 공평하게 처리했다는 것을 의미한다.
- 우리나라의 건축물에서 수학이 사용되었다. 수학은 원래 천문과 밀착되어 역산(달력을 만드는 수학)이라는 의미를 사용했다. 석굴암의 석굴과 석탑의 설계도에는 이러한 사상이 잘 반영되고 있다. 석굴암의 중심 도형은 지름이 24자인 원이며, 이것을 중심으로 내접정다각형이 여러 가지로 그려져 있다. 나머지 석굴 입구, 사천왕상의 위치, 불상이 앉은 대좌의 재원 등에서도 수학이 나타난다. 다보탑, 석가탑에서도 금강비라는 수학적 비가 사용된 흔적을 엿볼 수 있다. 이러한 길이에 $\sqrt{2}$ 라는 수를 자유롭게 사용했다.

- 삼국사기에 따르면 우륵은 12현금의 곡을 만들었는데 이 12는 1년이 12달임을 반영한 것으로 악기의 제작에도 수학이 사용되었다.
- 주비산경은 '천문·역법의 수학책'인데 이 책의 기본정리가 '구고현의 정리(구를 3, 고를 4로 하면, 현은 5이다.)'이다. 그 증명은 수식이나 기하학적인 도형이 따로 없는 한 장의 그림으로 정리의 내용과 증명을 동시에 나타낸 것으로 보아 직관적으로 사실을 통찰한 것으로 보인다. 이는 일종의 피타고라스 정리에 해당한다. 서양에서는 기하학이 중심이었지만 한국과 중국에서는 대수학이 주류를 형성하였다. 그리고 경주 첨성대가 이 '구고현의 이치'를 바탕으로 만들어져 있음을 알 수 있다.
- 낙랑시대 유물에서 기하학 도형을 보이는데, 벽돌(각 변의 길이가 1: 3: 6으로 대량 출토로 일정한 기준이 있음을 의미), 동전(정사각형과 원의 사용되며, 원은 하늘을 땅은 정방형을 따른 것의 의미), 기와벽돌을 이용한 전곽(원, 정사각형 등의 개념 활요), 동경(원과 정팔각형 문양) 등이 있다. 고구려 고분이나 궁궐 유적에는 정사각형을 기초로 한 건조물이 많이 있다.
- 삼국사기 신라본기 2권(신라 점해왕 5년(서기 251년))에는 '한기부 사람 부도는 집안이 가난하지만 남에게 아첨함이 없고 공, 서, 산을 잘하여 이름이 났으므로 왕은 그에게 벼슬을 주고 물장고의 사무를 맡겼다.'라고 기록되어 있다.
- 신문왕 2년(682년)에 한 사람의 산학박사와 조교가 배치되고, 교수과목으로 철술(무한급수의 문제를 이용한 일종의 해석학이 들어있으며, π의 값을 $3.1415926 < \pi < 3.1415927$로 계산되어 있음), 구장, 삼개, 육장(일본에서 천문·역산을 맡은 관리의 교과서) 등이 있었다.

세 번째 이야기, 우리나라 전통단위들

지금은 사라지고 있는 우리 고유의 전통단위들을 요약해 보면 다음과 같다.

농업	• 자 = 10 치 = 30.3 cm • 푼 = 0.1치 • 리 = 1,296 자 = 372.38 m • 평 = 사방 6자 평방 = 3.306 m^2 • 반보 = 300평 = 0.1정보 • 마장 - 5리나 10리가 못 되는(주로 10가 못 되는) • 마지기 : 한 말의 씨앗을 심을 정도의 넓이(200-300평의 넓이, 밭만을 가리킬 때는 100평) • 되지기 : 논밭 한 마지기의 10분의 1 • 갈이 : 소 한 짝으로 하루 낮 동안에 갈 수 있는 논밭의 넓이 • 대푼쭝 : 한 푼의 무게 • 덩저리 : 뭉쳐서 쌓은 물건의 부피. • 부릇 : 무더기로 놓인 물건의 부피.
해산	• 쾌 : 북어 스무 마리를 한 단위로 세는 말. • 태 : 나무꼬챙이에 꿴 말린 명태 20 마리 • 손 : 고등어 따위 생선 2 마리 • 두름 : 조기, 청어 20마리. 산나물 열 모숨. • 톳 : 김 40 장 또는 100 장을 한 묶음으로 묶은 덩이. 김 톳이나 샀다.

농산	• 강다리 : 쪼갠 장작의 100 개 • 꾸러미 :짚으로 길게 묶어 사이사이를 동여 맨 달걀 10 개의 단위. • 거리 : 가지, 오이 50 개. 반 접. • 접 : 감, 마늘 100개 • 갓 : 말린 식료품의 열 모숨을 한 줄로 엮은 단위. 고사리 한 갓. 굴비 두 갓. • 담불 : 벼 100섬. • 고리 :소주 열 사발을 한 단위로 일컫는 말.
일상생활	• 쌈 : 바늘 24 개 • 연 : 종이 전지 500장 • 죽 : 버선이나 그릇 등의 열 벌을 한 단위로 말하는 것. 짚신 한 죽, 미투리 두 죽 • 제 : 한방약 20 첩 • 첩 : 한방약 1 봉지 • 통 : 광목 60 자 • 필 : 명주 40 자 • 우리 : 기와 2000장. 울.
일반	• 줌 : 한 주먹 양. 한 뭇의 10분의 1 되는 땅. (주로 동글동글한 알갱이를 움킬 때) • 춤 : 가늘고 긴 물건의 한 손으로 쥘 만한 분량이나 세는 단위. • 움큼 : 손으로 한 줌 움켜 쥔 만큼의 분량. <작은말> 옴큼 • 술 : 숟가락으로 떠서 헤아릴만한 분량.

네 번째 이야기, 우리나라의 수학자

우리나라의 수학자로는 먼저 최석정(1646-1715)이 있다. 최석정은 조선시대 학자이며 수학에도 관심이 많았다. 구수략의 저자로 구수략은 동양고전역학을 바탕으로 한 조선시대 수학서이다. 다수의 마방진(9차 마방진), 낙서오구면(1부터 33까지의 수를 중복이나 빠뜨림 없이 배열해서 5개의 군의 합이 85가 되도록 함), 낙서육구면(1부터 40까지의 수를 중복이나 빠뜨림 없이 배열해서 8개가 1조로 된 수 군의 합이 164가 되도록 함)에 대한 연구를 하였다.

이런 자료를 통해 그 당시 최석정은 중국 고대 사상에 충실했음과 동시에 수를 가지고 여러 가지 표를 만들면서 수에 대한 매력을 느끼고 있었다는 것을 짐작할 수 있다. 다만 이런 수에 대한 관심과 애착이 수의 성질을 깊이 파악하여 체계화되지 않은 것에 대한 안타까움이 있다.

조선후기 수학자인 홍정하·유수석과 하국주(중국의 사력(중국 천문대의 관직)으로 천문과 역산에 밝았고 산학 실력자로 알려짐)와의 수학담화(일종의 문화과시를 위한 시합의 일종)는 매우 유명하다. 그리고 이조 공인 수학자, 곧 산학의 공인시험(과거)의 합격자 400명의 명단이 기록되어 있다.

한말에는 남병길(1820-1869)은 문과에 급제하고 큰 벼슬을 하였으며, 다양한 천문, 산학의 저서를 남겼다. 산학서로는 측량도해, 구고술도요해, 산학정의, 구장술해가 있다. 산학의 고시에 합격하고 역산을 다루는 천문관리직을 역임한 이상혁은 산학서로 익산(천원술: Horner의 고차방정식의 근사해법, 급수론), 차근방몽구(유럽계의 대수방정식에 관한 해설서), 산술관견(적극적인 연구태도를 가지고 기하학의 여러 문제를 취급하고, 나아가 삼각법에 대해서도 깊이 연구한 내용)이 있다.

제5장

1Q84

◆ ◆ ◆

어떤 계기로 1984년에 살고 있는 주인공들이 자신들이 인식하지 못한 채로 평형공간(패러렐 월드 : parallel world)으로 이동되었다, 그 세계는 달이 2개인 새로운 세계(Q : question mark ?)이다. 그 의미로 작가는 1Q84를 명명하였다. 이것은 일종의 동일시간 대에 다른 장소가 존재하는 4차원 세계에 대한 언급을 다루고 있다고 볼 수 있다.

◆ ◆ ◆

이 소설에서 수학에 관한 3가지 관점에 대해 논해 보고자 한다.

첫째, 수학의 특성과 관련된 내용이다. 이 소설은 수학을 바흐의 평균율로 나타내고 있다. 율 클라비어 곡집에서 12음계 모두 균등하게 사용하여 조화를 이룬다고 말하고 있다. 수학은 물의 흐름 같은 것으로 의식을 집중해서 응시해 보면 분명해진다고 한다. 또한 수학은 일종의 믿음으로 기호화, 명명, 구분에 대한 내용들을 다룬다고 소개하고 있다. 나아가 수학적 사유를 자유로움이라 규명한 곳으로 정합성 영역의 탐색의 자유, 명쾌함과 절대적 자유와 실용성을 연결하여 설명하기도 한다.

둘째, 수학이 활용된 장면에 대한 내용을 들 수 있다. 수학의 변수에 해당되는 관찰관점과 수학에서 변수 값에 해당되는 묘사를 인물, 장소, 사건 속에서 하루키 작가는 매우 구체적으로 표현했다. 택시 요금제, 각종 연도, 장소에 대한 수학적 설명을 하고 있다. 1984와 1Q84를 상징적으로 구분하였다. 호랑이의 오른쪽 옆-얼굴은 세계로 보고 있고 왼쪽 옆-얼굴은 이쪽을 보고 있으면서, 모습은 반전되어 있다. 또, 소설의 긴장을 위한 가설의 적극적 활용을 실제적으로 펼치고 있다는 점도 수학을 잘 활용한 사례이다.

셋째, 수학적 사유와 관련된 내용을 들 수 있다. 음악과 수학을 음감, 복합리듬 등으로 연결시켰다. 소프트볼과 수학을 신속정확(복합적)함, 방향감각(판단력)과 베팅으로 관련지어 설명했다. 수학과 소설의 관계를 아름다운 풍경의 경우로 설명한다. 소설은 자신이 바라 본 풍경을 자신의 언어로 바꾸어 재구성하지만 수학은 객관적으로 표현한다.

넷째, 시간에 대한 속성이다. 소설에서'시간과 자유 그건 인간이 돈으로 살 수 있는 가장 소중한 것인 동시에 시간은 총량이 한정되어 있으며, 자꾸자꾸 흘러간다.','기회는 사라진다.'고 언급한다. 나아가'시간은 어떤 때는 견디기 힘들만큼 변죽을 울리며 천천히 흐르고, 그리고 어떤 때는 몇 개의 과정을 단숨에 뛰어넘는다.'고 밝히고 있다.

첫 번째 이야기, 순서쌍, 변수와 변수 값

1Q84에서 작가는 사람의 모습이나 사물의 묘사를 매우 다양하고 구체적으로 나타내고 있다. 어떤 한 사람의 모습을 자세히 설명하기 위해 어떤 관점을 갖느냐의 문제는 변수(variable)에 해당되고, 그에 따른 적절한 언어를 사용해 디테일하게 묘사하는 것은 변수 값(value)에 해당된다고 볼 수 있다. 이를 종합하여 나타내면 순서쌍이 형성된다고 볼 수 있다. 그리고 이 순서쌍은 새로운 관점이 생기면 마지막 항에 추가함으로써 개방형을 추구하고 있다고 볼 수 있다.

데카르트에 의해 2차 평면은 (x, y) 두 개의 순서쌍에 의해 모두 나타내어졌다. 3차 공간은 3개의 원소를 갖는 (x, y, z)의 순서쌍으로 모든 위치를 정할 수 있다. 나아가 다차원의 세계도 이러한 관점에서 확장 활용될 수 있다. 그러한 의미에서 적어도 수학세계에서는 어떤 차원이라도 표현과 상상이 가능해 진다.

학습을 하는 근원적 이유는 이러한 관점들을 다양하게 형성하고, 처해진 상황이나 사건에서 잘 음미하여 표현할 능력을 제대로 갖추기 위함이 아닐까 한다. 우리 자신을 특성화시키기 위해 저마다의 변수(관점), 그에 따른 장·단점을 고려하고 순서쌍으로 나타내어 보는 여행을 떠나는 것은 어떨까?

자! 우선 우리가 자신을 바라보는 관점을 시작으로 타인에 대한 이해를 이루는 그러한 관점들을 가능한 한 많이 나열하면서 구체적으로 나타내어 보자. 매일 적어도 하나씩의 새로운 변수 또는 관점을 추가하면서 살아가는 역동적인 그러한 삶을 살아내자.

두 번째 이야기, 시간과 삶

시간은 인간 누구에게나 하루 24시간 공평하게 주어진다. 그러나 이 시간에 대한 느낌과 쓰임새는 각양각색이다.

시간이 흐르는 속도는 나이의 역수에 비례한다고 한다. 어린 시절에는 시간이 느리게 간다고 느끼는 반면, 나이가 들면 시간은 너무나 빨리 간다고 느낀다. 어린 시절 학습에는 시간이 많이 걸리고 하나의 주제에 몰입을 한다. 하나의 사건에 대해 자신의 세계를 만들고 강화하는데 시간을 주로 쓴다. 단순하면서도 채워야 될 빈 공간이 많아서 시간의 흐름에 순응될 수 있다는 장점을 가지고 있다. 반면 성인이 되면 타인과의 관계 속에 공조해야 하고 동시에 추구해야 할 것이 많다. 예를 들어 가족, 직장, 자신의 일, 친구, 사회와의 관계 등의 시간을 공유하고 적절하게 배분해서 적응해야만 한다.

하루는 느리게 가는 것 같은데 일 년은 너무나 빠르다는 말이 있다. 이는 단순 반복되는 일상에서 지루함을 느끼지만, 전체를 조망할 때 이룬 것이 없이 지나가는 허망함에 기인하는 것은 아닐까?

느린 것과 빠른 것, 처음부터 최선을 다해 속도를 내고, 어느 한 순간 과속하게 되면 힘이 소진되어 점점 느려져 회복이 불가능한 경우를 많이 경험한다. 정보를 그대로 받아들여 빨리 성인세계에 들어선 경우, 더욱이 기성세대들이 원하는 대로만 익히고 적응한 경우, 정말 자신을 위한 삶을 요구받을 때에는 지쳐버려 더 이상 지탱할 수 없는 만신창이가 되고 말 것이다. 아무런 비전이나 계획성 없이 타인에 의해 자신도 모르게 속도부터 경주한 경우 더욱더 그러하다.

서서히 힘을 비축하고, 자신의 삶의 토대를 쌓고, 내면적 힘을 기른 경우 시나브로 속도가 자연스럽게 증가되어 지칠 줄 모르는 용광로처럼 활력소를 내게 되는 것을 상상할 수 있다. 어린 시절에 기초 체력을 굳건히 하고, 독서, 내면적 사고로 지적인 힘을 겸비할 때 성인이 된 후 무한한 상상력과 적응력을 가지게 된다.

동·서양을 비교해 보자. 서양은 오랜 세월에 걸쳐 체화된 것으로, 자녀에게도 자율적인 삶의 토대를 물려준다. 돈을 그대로 주기보다, 돈을 만들고 유지할 수 있는 능력을 준다. 그러나 우리나라의 경우, 매우 짧은 시간에 서양의 것을 그대로 모방한 관계로 체화되지 않고 겉모습만을 수용하고 결과만을 강조한 형태가 되었다. 원인과 밑바탕에 대한 철저한 이해 없는 결과는 아무런 의미도 가치도 없다. 정신과 삶의 토대는 키워주지 않은 채, 고민과 갈등은 전혀 없고, 실패도 하나 없이 좋은 결과와 돈만 제공한다면 자녀의 진정한 삶은 빼앗아 버리는 모습은 아닐까? 시간의 질을 높이고 진정한 시간의 주인으로서 우리 후세들이 살도록 배려해야만 하지 않을까?

어릴 때는 자율성이 더욱 요구된다. 실패를 거듭하여 마침내 성공하고, 다시는 실패하지 않도록 말이다. 유아나 초등학교 교사는 아이들에게 의미 있고 가치 있는 고민과 갈등, 상황을 풍부하게 제공해야 한다. 그것을 경험하기 위한 시간적 배려도 아끼지 말아야 한다. 아이가 살아갈 토대를 빼앗아 버리고 아이들을 위한 것이라고 그렇게 자위하지 말자. 교사가 욕심을 버리고 우뚝 선다면 아이는 일찍 시들어 버린다는 사실을 잊지 말자.

세 번째 이야기, 차원과 삶

0차원은 점이다. 길이 부피도 없는 그야말로 크기가 0이다. 머물러 있지만 분명 존재하고 있다.

1차원은 선이다. 길이는 가지되 폭은 가지지 않는다. 그래서 넓이는 0이지만 경계는 항상 0차원인 점이다. 아무리 많은 점을 모아도 선은 될 수 없다. 수학에서 유리수의 개수는 0과 1 사이에 자연수 개수만큼 있지만 조금의 길이도 만들어 내지 못한다. 무리수라는 존재와 연결해야만 선을 채울 수 있다. 오로지 앞 뒤 방향만 고려되는 그러한 세계이다. 기차가 달리는 철로의 세계가 이에 해당된다.

2차원은 면이다. 길이를 갖는 선을 그 경계로 하지만 높이라는 존재는 가지지 못한다. 좌표로 나타내면 2가지 요소를 갖는다. 가장 편리하게 지구상의 위치로서 위도와 경도로 나타낸다. 운송수단으로는 배의 길을 연상할 수 있다. 지구의 70%가 바다로 이루어져 있기 때문에 과거 바다를 지배하는 집단이 흥하는 그러한 대항해 시대가 있었다.

3차원은 우리가 살고 있는 현실 세계이다. 비행기의 항로는 3차원에 해당된다. 비록 이착륙 때에는 평면에 의존하지만 말이다.

직선상에 적당히 한 점을 정해 놓으면, 나머지 모든 점은 그 점으로부터의 거리로 나타낼 수 있다. 이와 같이 하나의 양(量)만으로 정해지는 세계를 1차원의 세계라고 부른다. 이러한 1차원의 세계를 실생활 여러 곳에서 볼 수 있다. 오직 그것 하나만으로 응시자의 온갖 능력을 평가하는 대학 학력고사의 성적이 가장 좋은 예이다. 또 학교에서 학생의 성적을 표현하는 방법에는 여러 가지가 있지만, 시험 점수 하나로 1등, 2등,...과 같이 정하고 만다. 이런 의미에서 내세운 구호가 무엇이든 적어도 우리나라 학교의 현실은 1차원의 세계임에 틀림없다. 직업은 사람에게 1차원적인 사고를 하게 한다. 자동차 운전수는 달리는 차 앞을 함부로 가로지르지 않는 사람이 가장 착하게 보이고, 술집에서는 외상값을 어김없이 갚아주는 손님이 가장 소중하고, 학교 교사는 공부 잘하는 학생이 가장 예쁘다고 생각하는 것이 그 예이다.

우리나라 사람들은 남의 수입에 대해서 관심이 유독 많은 것 같다. 초면에 몇 마디를 나누다가도 대뜸 한 달 수입이 얼마인가를 묻고는 그 액수로 상대방의 인격을 평가하려 드는데, 이러한 사고는 분명히 사람을 1차원적으로밖에 보지 못하는 데에서 비롯된 것이다.

평면상의 두 직선은 평행이 아니면 반드시 만난다. 그러나 공간상에서는 두 직선 사이에 이것들 외에 또 하나의 관계가 있다.'꼬인 위치'라는 것이 바로 그것이다. 이 관계를 이용한 하나의 보기가 도로나 선로의 입체 교차로이다. 두 개의 도로가'꼬인 위치'에 있으면서 이어져 있을 때, 이 두 도로(실은 하나)가 만드는 곡선은 평면상의 곡선, 즉'평면곡선'은 아니다. 평면상에서라면 반드시 만나기 때문이다. 이러한 곡선을'공간곡선'이라고 한다. 평면적인 세계에 살고 있으면, 만나기 싫은 사람과도 어쩔 수 없이 만나게 된다. 집으로 돌아가는 골목 모퉁이에 날마다 버티고 있는 저 무시무시한 도사견은 비록 쇠사슬에 묶여 있지만 별로 만나고 싶지도 않고 생각만 하면 등골이 오싹해질 뿐이다. 그래서 이 무서운 상대를 따돌리는 홍길동 같은 재주가 있었으면 하는 공상을 해본 적이 누구나 한번쯤은 있을 것이다. 이럴 때는, 공간도형의 꼬인 관계를 이용하는 방법이 있지 않을까하고 궁리할 수도 있을 것이다.

우리가 살고 있는 세계는 '3차원의 공간'이다. 왜냐하면 전·후, 좌·우, 상·하의 3방향으로 뻗은 세계이기 때문이다. 그렇다면 좌·우로만 뻗은 세계는 '1차원의 공간', 좌·우, 앞·뒤의 두 방향으로 뻗은 세계를 '2차원의 공간'이라고 부르는 것은 당연한 일이다. 그리스의 철학자 아리스토텔레스는 공간이 3개의 차원을 갖는 이유를 다음과 같이 설명하고 있다. "선은 폭을 가지고 있지 않기 때문에 면으로 옮겨질 수 있다. 그러나 입체는 완전하기 때문에, 길이, 폭, 깊이의 3개의 차원을 넘어서 다른 차원으로 옮길 수 없다. 따라서 공간은 3개의 차원을 가질 뿐이다." 이 아리스토텔레스의 말에서 짐작할 수 있듯이 차원이란, 본래 '자유도(自由度)', 즉, 자유로이 움직일 수 있는 방향의 개수를 의미한다. 직선 위에서는 앞뒤로만 움직일 수 있을 뿐이므로 1개의 변수(좌표)로 나타낼 수 있다. 이것을 아리스토텔레스와 같은 입장에서 '1차원'이라고 부르자. 아무리 구부러진 곡선일지라도 그 위에서는 앞뒤로만 움직일 수 있으므로 즉, 자유도가 1이므로 1차원이다. 이에 대해서, 평면상의 점은 1개의 변수로는 나타낼 수 없다. 평면상에서는 전·후 뿐만 아니라, 좌·우로도 움직일 수 있기 때문이다. 여기서는 점의 위치를 나타내는 데는 2개의 변수가 필요하다. 즉, 자유도가 2이므로, '2차원'이다. 예를 들면, 지구의 표면 위의 위치는 위도와 경도로 나타낼 수 있다.

공간에서는 전·후, 좌·우 이외에 상·하의 운동도 가능하다. 따라서 그 위치를 나타내려면 공간 좌표라고 불리어지는 3개의 변수가 필요해진다. 이처럼 3개의 자유도를 갖는 공간은 당연히 3차원이어야 한다. 3차원 공간에 또 하나의 자유도를 더해주면 4차원의 공간이 된다. 새로운 자유도로서 시간을 가정한다면, 이 4차원의 세계에서는 시간을 자유자재로 조절할 수 있으므로, '타임머신'을 타고 원하는 대로 과거와 미래를 넘나들 수 있게 된다. 만일, 어떤 죄수가 사형을 선고받는다 하여도, 감옥이 세워지기 전의 시간으로 돌아가면, 거뜬히 탈옥할 수 있다. 이것은 이미 이야기한 바 있는 2차원과 3차원의 관계와도 같다. 2차원의 세계에 사는 생물이 있다면, 이 생물은 평면에 그어진 일종의 원에 갇힌 처지이다. 3차원 생물의 손이나 발이 나타났다가 귀중한 생명이나 재산을 빼앗고 연기처럼 사라져 버린다면, 전혀 손을 쓸 수 없게 된다. 우리 주변에서 이를 비유해보면 목장 우리 속에 갇힌 소나 말은 2차원 동물의 예이고, 하늘을 나는 새나 땅 속을 파들어 갈 수 있는 토끼 등은 3차원 동물인 셈이다. 평면상에서는 두 직선은 반드시 평행이 아니면 만나기 마련인데, 공간상에서는 평행도 아니고 그렇다고 만나지도 않는 '서로 꼬인' 관계라는 게 있었다. 이처럼 차원을 높이면 그만큼 도형의 종류도 많아지고, 여러 가지 흥미 있는 일들이 벌어지게 된다.

* 성냥개비 6개로 정삼각형 4개를 완성하여 보시오.

이 문제는 평면상에서는 완성할 수 없는 문제이다. 하지만 조금 시각을 달리하여 입체를 구성하면 쉽게 해결된다. 곧 정사면체를 구성하면 된다. 이와 같이 어떤 한정된 시각이나 관점에서는 성립되기 어려우나 좀 더 높은 차원, 문제를 떠나 조망한다면 의외로 쉽게 해결될 수 있다.

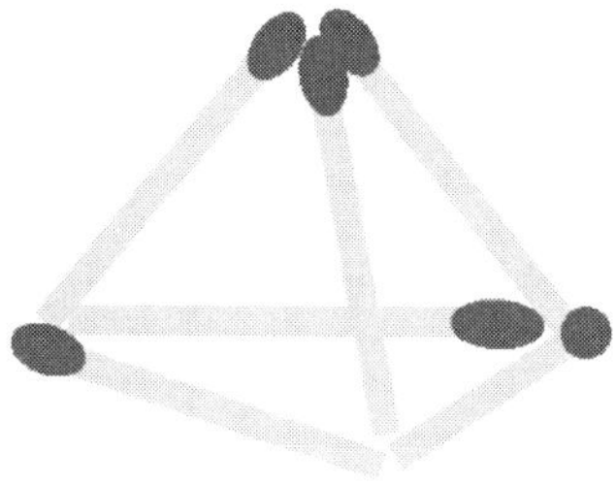

* 큰 접시가 하나 있고, 500원짜리 동전이 많이 있다. 바닥이 보이지 않게 하려면 몇 개의 동전이 필요할까?

이 문제를 풀기 위해 실제로 접시 바닥에 동전을 놓아 보면, 원의 모양인 동전으로 인해 바닥이 자꾸 드러나 어떻게 해야 할지 막막하기만 하다. 곧 바닥이라는 평면에 초점을 맞추게 된다면 그러하다. 바닥이 보이지 않으려면 눈을 가리면 된다. 이러한 경우 500원짜리 동전 2개면 충분하다.

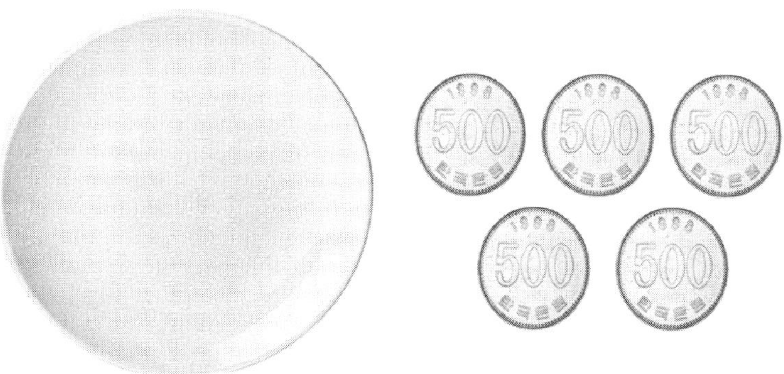

자신이 이 세상에 존재함을 수학적으로 나타내보라.

점 인간은 그 하나의 개체로서만 존재한다. 점은 그 특성상 공간을 점유하지 않아 보이지 않는 성질을 지니고 있다. 사회 속에 존재하는 우리의 모습도 그럴지 모른다. 넓은 우주 속에서 너무나 작은 존재인 인간 개개인의 모습은 눈에 띄기 어려울 것이다. 마치 지구만한 사막 속에서 모래알 한 알을 찾는 것과 같을 것이다. 그러나'실존은 본질에 앞선다.'라는 사르트르의 말을 인용해 보자. 실존은 한 개체가 그저 존재한다는 것을 나타내고, 본질은 그 개체가 지니고 있는 속성을 일컫는다. 한 인간의 키가 170cm이고, 가진 재산은 7억이고... 등은 인간의 속성을 수치화해서 나타내는 것이다. 인간은 그저 존재한다. 하나의 점으로서.

선 선은 무한한 점들의 연속이다. 점들이 이어진다는 것은 우리의 인간관계를 나타내 주는 것이 아닐까? 선은 위치와 길이를 가지고 있지만, 폭과 두께를 지니고 있지 않다. 이 역시 인간의 눈으로는 보기 힘든 것이다. 그러나 분명히 존재한다. 인간관계 역시 마찬가지이다. 우리는 어떤 인간관계를 지니고 있는 지 논리적으로 설명하거나 눈으로 볼 수는 없지만 인간관계로 인해 자아를 형성하고 사회를 살아갈 수 있다. 우리의 존재에 반드시 필요하다.

면 우리는 어디에선가 자신의 일생을 보낸다. '차원'이 다르지만 면은 위에서 인급했던 우주처럼 넓다. 그 속에서 만남과 인연이 있다. 점과 점이 만날 수도 있고 선과 선의 교차점으로서 만남이 있을 수 있다. 선에서의 인간관계와 달리 면에서의 만남은 우연적인 만남까지도 포함하는 것이라 생각한다. 우리는 이 사회 속에서 수없이 많은 타자들과 스쳐 지나가고 당장 내일이라도 또 어떤 존재들과 마주칠지 알지 못한다.

네 번째 이야기, 보이지 않는 세계를 이해하기 위한 수학

수학은 수학만의 독특한 시각을 요구한다. 수학은 보이지 않는 세계를 이해하기 위한 강력한 도구 중 하나이다. 우리의 위치, 좌표 평면, 시간의 세계 등에 대해 수학적 관점으로 나타내어 보자.

대수와 기하학은 상이한 특성을 지니는 분야이지만 데카르트에 의해 이 두 분야는 연결된다. 대수의 방정식의 해를 기하학 평면의 그래프로 나타내어 시각화시켜 보이도록 하는 것이 가능해 진다. 물론 이것은 데카르트의 헌신 덕분이다. 데카르트는 공간을 수로 번역했다. 데카르트는 번역을 이용해서 기하학을 대수학으로 재구성했다. 이것이 공간을 수로 번역한 것보다 더욱 중요한 일이다. 그는 x축인 수평선과 y축이라 부르는 수직선을 그려서 그래프로 변형했다. 그래서 2차 방정식의 해는 x축과 만나는 점의 개수와 일치한다. 서로 다른 두 점에서 만나면 두 실근을, x축과 접하여 한 점에서 만나면 하나의 근(중근이라 불리워짐)을, x축과 만나지 않으면 허근에 해당됨을 쉽게 알 수 있다. 이것은 눈으로 확인할 수 있다. 3차 방정식 역시 그래프로 나타내면 2차방정식과 대동소이하다. 고차방정식도 컴퓨터를 이용해서 그래프로 나타내면 근의 존재성을 밝히고 나아가 그 근사해를 구할 수 있게 되며, 이러한 원리는 수치해석이라는 수학분야를 만들어 냈다.

차원에 대한 이해를 물리학의 관점으로 나타내보자. 점은 크기도 부피도 없는 것으로 가정한다. 이 점을 한 방향으로 늘이게 되면 선이 되며 길이를 가지는 1차원의 세계가 만들어진다. 선을 선과는 다른 방향으로 늘이게 되면, 면을 형성하게 되며 2차원이 된다. 이 면을 다시 다른 방향으로 늘이게 되면 공간을 형성하게 되고 3차원이 된다. 이런 방식을 적용하면, 공간을 또 다른 방향으로 늘이게 되면, 4차원 세계인 시·공간을 아우르는 장이 되며 타임-머신의 세계가 가능해진다.

당신은 어디에 위치하는지 어떻게 알며 표현할 수 있는가?라는 문제는 위도, 경도라는 2개의 좌표로 나타내면 해결된다. 위도와 경도를 이해하기 위해서는 구면 한 개와 직선 2개 그리고 점 세 가지를 생각해야 한다.

세 개의 점을 상정한다. 하나는 지구의 북극에, 또 하나는 지구의 중심에, 나머지 하나는 구면 위의 임의에 놓이게 된다. 지구와 북극점을 연결하여 하나의 선을 긋고(자전축, 경도의 역할), 지구의 중심과 구면 위의 점을 연결하여 긋는다. 이 때 두 직선 사이에 각이 형성된다. 이것이 위도이다. 북극성인 별을 관찰하여 방향을 설정하는 것도 같은 이치에 해당된다고 볼 수 있다.

유클리드는 공간에 대한 직관을 추상적 논리체계로 변환시키고, 그 체계로부터 명제를 도출할 수 있게 했다. 점, 선, 면의 공간 기하학에 기반을 둔 일관된 수학적 구조문을 만들어냈다. 한편 미술가들이 모든 물질의 근원에 해당하는 것으로 3원색과 이 점, 선, 면으로 귀착시킨 것이 우연이 아닐지 모른다. 망치로 금속을 내리치는 소리를 듣고 그것을 재현하기 위해 보이지 않는 현의 길이를 이용해 다양한 악기들이 발명되고 활용되는 것 또한 보이지 않는 것에 대한 실현의 전형적인 사례이다.

단순한 숫자들만 가득 모아둔다면 그 특성이 잘 드러나지 않는다.

이때 그래프를 이용하면 자료의 특성을 제대로 볼 수 있는데 이는 자료와 기하학의 결합으로 가능해진 것이다. 쉽게 드러나지 않는 그 모습을 다양한 그래프로 나타내면 용이하게 그 모습을 관찰할 수 있게 된다.

수학은 쉽게 표면적으로 드러나지 않는 특성을 가진다. 그러나 독특한 시각과 수학적 상상력을 동원하면 비로소 제 모습을 드러내는 것이 수학의 특성이다. 수학적 아이디어 탐구, 핵심적인 것을 추구하고 보이지 않는 연결을 만들어 관계를 탐구하는 수학은 어쩌면 남들이 보지 못하는 것을 보고, 그것들에 대해 남들에게 구체적으로 보이기 위한 수학자들의 노력과 땀으로 이루어진 세계가 아닐까?

시간은 보이지 않는다. 그러나 분명 존재하는 그 무엇이다. 이 시간을 제대로 규명하기 위해 지금까지 그래왔듯이 지금 이 순간에도 수학자들은 계속 연구하고 있을 것이다.

제6장

뷰티풀 마인드, 천재, 광기 그리고 노벨상

◆ ◆ ◆

이 책은 수학자로서 1950년 박사학위논문인 비협력게임(Non-Cooperative Games)으로 1994년 노벨 경제학상을 수상한 존 내쉬(1928-)의 삶을 그린 전기 문학작품이다. 수학자가 겪는 지적 전쟁과 문화, 다양한 사람들 간의 상호작용, 특히 정신병을 앓으면서 겪는 갈등 및 그 수학 문제의 제기 및 해결, 수학의 아이디어 발생 및 활용, 타 분야와의 관계 및 교류, 응용, 수학학습 방법 등을 이해할 단초를 마련해 주는 작품이다.

◆ ◆ ◆

첫째, 균형이론과 관련된 사항을 살펴보자. 당시 아담 스미스의 '보이지 않는 손'(완전경쟁을 의미하고, 각 개인이 추구하는 최선을 선택하는 것이 최적의 해)이 경제사상을 지배하고 있었다. 하지만, 특정한 사례는 이것으로 설명되지 않는다. 이 사례로부터 내쉬는 균형이론 개념을 도출하였다. 모두가 최선의 전략에 따라 행동한다고 전제했을 때, 각 참여자는 수많은 선택 가운데 자기에게 최선인 선택을 찾게 되고 여기에는 내쉬 균형점이 존재하게 된다. 나아가 협력과 경쟁이 혼합된 게임을 포함시킨 이론을 확장하여 응용하면 경제학, 정치학, 사회학, 생물학 등에도 적용된다. 이와 관련하여 폰-노이만은 포커게임과 경제의 공통점으로서 일종의 추론이 필요하며 이는 곧 다다익선이라는 일관된 내적 가치를 기초로 한 합리적 득실 계산이 필요하다고 여긴다. 개인의 행동 결과가 자기와 상대의 행동에 따라 달라지는 특성을 갖는다고 하였다. 이러한 게임의 특성에는 가장 인간적인 동기(상호이익의 가능성이 있는 게임 이론)와 행동이 있고 이것은 수학만큼이나 신비롭다고 본다.

둘째, 내쉬의 수학 및 기타 영역에 대한 영향력을 미치는 내용이다. 폭넓은 이종분야에서 내쉬의 아이디어가 영향을 미쳤다. 특히 내쉬는 타인이 생각할 수 없는 것을 생각했다. 이것은 OR(Operation Research), 선형계획법, 역학계획법, 시스템 분석에 영향을 미쳤다. 이 책에서는 해석학, 논리학, OR, 위상수학, 정수론, 기하학, 대수학, 컴퓨터이론, 게임이론 등 수학영역이 골고루 등장한다. 어떤 변화를 수반하는 물리 현상들의 무수한 다양성을 이해하기 위한 수학적 모델로서 미분방정식을 소개하고 있다. 타 분야에서 수학이라는 존재의 의미로 과학적 논리 언어인 수학이라고 한다. 그 응용으로 경제학은 수학 반석 위에 놓여지게 된다. 로버트 헤일브로너, 세속 철학자들은 경제학은 양을 다루고, 양을 다루는 것은 수학으로 환원될 수 있기 때문이라고 한다. 한편 아인슈타인의 상대성 이론에서 휘어진

공간과 시간 관계가 지닌 중요한 역할 때문에 다양체가 큰 관심거리가 되었다. 중력장과 전기장의 5차원적 통합이론은 갈루아에 의해 제기되었다.

셋째, 오늘날 수학을 공부하기 위해 어떤 학습 방법들이 등장하는지 살펴보자. 이 소설을 바탕으로 한 영화에서 내쉬는 대학원 박사학위를 따는 동안 단 한 번도 강의에 참여한 적이 없는 것으로 소개되기도 했다. 소개된 수학학습방법은 강연, 토론회, 세미나, 수업, 주간 미팅, 다과회, 두레방 토론이다. 교수와 동료학생들이 질문하기로부터 정보를 얻는 특징이 있다. 또, 사소한 힌트, 아이디어, 사실, 하고 싶은 일 등을 기록하는 습관을 가진다. 두레방 대화, 수학자들의 강연으로 아이디어를 얻게 되며, 기계적 반복과 암기로부터 탈피하여 세미나와 토론에 대해 강조를 하고 있다.

넷째, 특별히 문제와 학습태도와 관련한 사항이다. 우선 단순하고 정확한 방법으로 문제를 진술하기만 한다면 그 유일한 해결책이 가능해진다고 한다. 내쉬는 초등학교 4학년 때부터 문제를 푸는 자기만의 방법을 발견하려 노력했다. 일상의 사소하고 낯익은 현상 속에서 거대하고 복잡한 문제를 풀 수 있는 단서발견에 대해 말하였다. 문제해결과 관련하여 수학적 대화의 질과 양과 다양성, 기초개념과 연결부터 시도하고, 지적 독립성의 유지, 아이디어 교환을 문제 찾아 떠난 여행을 내쉬는 언급하고 있다. 하나의 문제에 대해 다양한 해가 존재하는 것을 여름 창문 이야기를 통해 설명하기도 한다. 학습태도로는 내쉬는 한 문제를 반년이라도 물고 늘어질 수 있다고 했다. 한 번 생각하면 끝이 없다고 했다. 이것으로 끈기와 인내심, 과제집착력이 매우 강했음을 알 수 있다.

다섯째, 수학특성에 대한 이해를 넓히는 계기를 마련해 주는 내용을 살펴보자. 주요 특성으로, 수학은 젊은이의 게임인 동시에 문제에 몰두하는 즐거움을 나타낸다고 했다. 능동적 터득, 무에서의 깨달음, 수학의 3백년 역사를 스스로 발견하고 싶다고 하였다. 독특한 수학적 구조와 통찰과 직관으로서 기하학적 시각적 통찰에 대해 언급하기도 한다.

E.T. Bell의 수학의 사람들은 '수학을 고혹적인 기호로 둘러쌓인 신비스런 수학 맛보기'라고 했다. 내쉬는 수학적 아디이어만 있으면 인간은 정신력으로 못 할 게 없다고 했다. $B^2+RTF=0$의 수식을 통해, 수는 만물의 근본 물질이며 원형이고, 만물은 수의 관계에 따라 질서 있는 코스모스 즉, 그 자체에 질서와 조화를 지니는 우주 또는 세계를 만든다고 주장하기도 했다. 우드로 윌슨 총장은 말하기를 "자연인은 수학을 싫어할 수밖에 없다. 고통스러운 연마과정을 거쳐야만 습득될 수 있는 수학은 일종의 잔잔한 고문이다."고 하였다.

수학의 활용 및 내용이라는 관점에서 조명해 본다면, 다른 책에서도 많이 언급되는 5개의 고유한 단위들을 결합한 내용인 $e^{i\pi}+1=0$, 수학문제들의 실감나는 묘사의 일종인(페르마의 이야기, 정수론)추측으로 'n^p-n은 소수 p의 배수이다.'라는 것과 리만가설(주어진 정수 n 이하에 얼마나 많은 소수가 있는가 알아내는 공식)을 언급했다. 그 장면은 8자형, 원 그리기 ∞(자전거)에서 나온다.

또, 수학과 관련한 게임이 등장한다. 게임 곧, 바둑, 체스, 크리거스필(체스판 3개로 하는 게임)을 포함하여 내쉬게임(정육각형 -전략, 정보, 완벽한 성보로만 이루어진 제로섬 게임), 3목 놀이(아홉 개의 칸 안에 두 사람이 O, X를 표시해 수평이나 수직, 대각선 상에 세 칸을 같은 표시로 채우면 이기는 게임) 등이 등장한다.

기타 사항들을 언급해 보면 다음과 같다. 우선 노벨상에 대한 설명으로 이 상은 특정 업적, 발명, 발견을 치하하기 위해 주는 상이다. 이론, 분석방법이나 순수 경험결과를 기초로 하고 있다. 내쉬는 카네기 공과대학의 규격화된 일에는 마음이 내키지 않았다고 하여 프린스턴으로 갔다. 대학에서는 우수한 학생유치를 위해 당시 연간 1150달러의 펠로십을 제공했다. 이는 학비 450달러, 기숙사 200달러, 식대 주당 14달러가 소요되는 것이다.

고독을 견디는 힘, 자신의 직관에 대한 굳은 믿음, 세상의 비난에 대한 무관심 등은 내쉬의 인간으로서 고뇌가 드러나는 부분이다. 내쉬는 합리성을 유지하려면 생각을 다스리고, 편집증적인 관념들을 지각함으로써 그것들을 뿌리치려고 노력해야 한다고 말했다.

첫 번째 이야기, 밀레니엄 난제

밀레니엄 난제에는 ▲P대 NP 문제 ▲리만 가설 ▲양-밀스 이론과 질량 간극 ▲내비어-스톡스 방정식 ▲푸앵카레 추측 ▲버치와 스위너톤-다이어 추측 ▲호지 추측 등 가정은 있으나 풀이과정이 없는 7개가 있다. 1900년 파리에서 열린 제2차 국제수학자회의에서 독일 수학자 힐베르트가 제시했던 23개의 미해결 문제를 본떠서 랜던 클레이는 밀레니엄 난제 프로젝트를 구상했다. 7대 난제들은 해답을 찾는 과정에서 실패하더라도 수많은 유용한 수식과 가설들이 새롭게 등장하는 특징을 갖고 있다.

미국의 클레이수학연구소가 2000년 5월 파리에서 현대 수학의 7대 난제를 제시하고 각각에 100만 달러 현상금을 내걸었다. '밀레니엄 수학 7대 난제'(이하 7대 난제)라고 불리는 이 공모는 기간제한이 없다. 문제를 풀고 국제 학술지에 게재한 후 2년 동안 검증과정을 거쳐 오류가 없다고 판단되면 현상금을 지급한다. 리만 가설은 1859년 독일 수학자 리만(G. Riemann)에 의해 처음 제기돼 아직까지 풀리지 않은 난제다.

리만 가설은 어떤 복소수로 만들어진 함수가 0이 되는 값들의 분포에 대한 가설이다. 리만 가설에 쓰이는 리만의 제타함수는 다음과 같이 정의된다.

$$\zeta(s) = 1 + 2-s + 3-s + 4-s + \cdots \text{ (s는 복소수)}$$

이 함수값을 0으로 하는 해 중에서 실수부가 1 이상인 복소수는 없고, 실수부가 0 이하인 복소수는 −2, −4, −6, …처럼 음의 짝수인 경우만 해가 될 수 있다는 것이 밝혀졌다. 그런데 리만은 실수부가 0보다 크고 1보다 작은 복소수에 대해서는 해가 무한히 많다는 사실을 알게 된다. '실수부가 0보다 크고 1보다 작은 복소수의 해에서 실수부는 모두 1/2일지도 모른다'는 생각을 하게 됐는데 이것을 '리만 가설'이라고 부른다.

혼자 연구했던 리만은 가설의 증거를 남기지 않고 죽을 때 모든 서류를 불태워버렸다고 한다. 존 내쉬영화 『뷰티풀 마인드』의 실제 주인공이다. 1994년 노벨경제학상 수상자이기도 한 존 내쉬는 리만 가설을 풀기위해 노력했으나 실패했다고 알려져 있다. 그 뒤 2004년 미국 퍼듀대의 루이스 드 브랑지 교수가 문제를 풀었다며 가설 증명을 발표했으나 아직 현상금이 주어지지는 않았다고 한다.

다른 난제를 소개하면 다음과 같다.

◆ 버츠와 스위너톤-다이어 추측(Birch and Swinnerton-Dyer Conjecture) :
타원곡선을 유리수로 정의하는 방정식이 유한개의 유리수 해를 가지는지 무한개를 가지는지를 알 수 있는 간단한 방법을 구하라.

◆ 푸앙카레 추측(Poincare Conjecture) :
어떤 하나의 밀폐된 3차원 공간에서 모든 밀폐된 곡선이 수축돼 하나의 점이 될 수 있다면 이 공간은 반드시 원구(圓球)로 변형될 수 있다는 것을 증명하라.

- 러시아 수학자 그레고리 페렐만이 증명함. 상과 상금을 전달하려고 했으나 상을 거부한 것으로 유명함.

◆호지 추측(Hodge Conjecture) :
어떤 대상체도 모두 기하학 조각의 조합이라는 사실을 증명하라.

◆P대 NP 문제(P vs NP Problem) :
알고 보면 쉬운 문제가 답을 알기 전에도 쉬운 문제인지 증명하라.

◆내비어-스톡스 방정식(Navier-Stokes Equation) :
비행기 날개 위로 흐르는 공기 같은 기체 흐름과 배 옆으로 흐르는 물 같은 유체의 흐름을 기술하는 편미분 방정식의 해를 구하라.

◆양-밀스 이론과 질량 간극 가설(Yang-Mills and Mass Gap) :
양자물리학에서 나온 '원자 양-밀스 이론'과 '질량 간극가설'을 수학적으로 입증하라.

〈 과학 향기 :인테넷 자료 〉

두 번째 이야기, 수학과 다른 학문과의 관계

인문과학, 사회과학, 자연과학 등 많은 학문 분야에 과학 이름이 붙여진다. 이 과학 분야에서 핵심적인 역할을 하는 것이 수학이라는 추상 언어 체계이다. 그 기본적인 논리는 객관성 부여와 제약조건과 추론의 연결이다. 철학, 심리학, 논리학 등도 수학의 기초가 없으면 학문으로의 진전이 어렵다. 경제학, 사회학, 언어학도 예외가 아니다. 천문학, 기상학, 해양학 등에서 가장 핵심적 역할을 하는 것 또한 수학이다.

대표적으로 중력장, 자장, 전기장, 핵물리학 등을 연구 대상으로 하는 물리학은 수학적 사고를 근간으로 한다. 만일 뉴턴이나 아인슈타인이 수학을 전혀 몰랐거나 수학적 사고를 하지 않았다면 어떠했을까? 그들이 남긴 수많은 이론과 법칙들은 단지 그의 머릿속에서만 맴도는 호기심과 의문으로만 그친 채 그 어떤 것도 이루어내지 못하고 조용히 사라졌을 것이다. 즉, 그 어떤 것도 학문으로 정립되지 못했을 것이고 그 학문을 바탕으로 한 우리의 삶을 위한 가치창조는 이루어지지 않았을 것이다.

인류가 우주를 탐험할 수 있는 것 또한 마찬가지이다. 수학이라는 도구의 정확한 계산이 없었다면 지구 궤도를 유유히 돌아다니는 인공위성과 로켓은 대기권에서 폭발해 버리거나 지구 궤도에서 튕겨 영원한 우주의 미아가 되었을 것이다.

수학자들은 “수학은 과학의 여왕이다.”라고 한다. 왜냐하면 아무리 훌륭한 과학자라도 수학이 모델링을 하는데 기여하지 않았다면 빛을 볼 수 없기 때문이다. 그러나 과학자들은 “수학은 과학의 시녀

일 뿐이다."라고 한다. 그 이유로 과학자가 수학을 잘 활용하여 빛을 내도록 하기 때문이라고 한다. 자연 그대로의 수학은 죽어 있는 것과 같기 때문이라고들 한다.

지금부터 각 학문분야에서 활용되는 수학에 대해 알아보자.

먼저, 과학의 대표적인 네 영역을 나누어 살펴보자. 물리는 세상 물체나 물질의 기본 원리를 탐구하기 위해 수리적 모형을 사용한다. 중력(힘), 전기와 파동, 심지어 미시적인 세계의 강력과 약력을 포함하는 내용이 그것이다. 이를 위해 수학의 시간, 길이, 무게, 전류량 등을 매개로 수리적 모형을 만들고 해석하여 활용하고, 물질의 구성이나 상호작용을 수학적으로 표현한다. 움직임이 대상일 경우 가장 간단하게는 미적분을 사용한다.

변하는 것을 주요 내용으로 다루는 화학의 경우, 미시적인 세계를 탐구하기 위해 분자단위의 운동을 표현한다. 화학은 가장 근원적인 물질 구성으로서 원소와 이 원소들의 결합구조와 합성, 분해를 주로 다룬다. 오늘날에는 학습량, 사랑의 정도 등을 뇌의 합성물질의 변화로 설명하려고 시도한다. 나아가 세상 모든 것들을 화학 성분의 변화로 설명을 시도하고 있다. 새로운 물질의 발견 및 그 구조, 활용 등은 물질 특허를 가능하게 한다. 이러한 것은 아직도 무궁무진한 미지의 영역으로 남아 있다.

살아 있는 것들을 대상으로 하는 생물은 성장(신진대사)과 유전(생식)을 핵심 아이디어로 다룬다. 생물이 성장하기 위해 필요한 온도를 다룬다. 생식, 광합성 작용 등을 수리적으로 표현하고 설명하려고 한다. 생태학적인 적응이 사회를 설명하는 강력한 도구가 되는 사례를 많이 제공하고 있다.

지구과학의 핵심 키워드는 순환이다. 물과 암석, 지구, 우주의 생성과정과 소멸은 순환 구조 속에 내재되어 있다. 주로 물질의 암석의 굳기 정도, 천체의 운행 등을 모델링하고 설명할 때 수학이 적극적으로 활용되고 있다. 가장 중심에 있는 수량화는 광도(광물의 세기)가 기본으로 활용된다. 즉 자연의 모든 것(구성, 작동원리, 예측 등)을 설명하기 위한 수학적 모델링과 그 설명이 중추적인 역할을 담당한다.

다음 위의 과학적 원리와 성질을 이용하여 인간이 구체적으로 사용할 수 있게 구체화시켜 상품을 만들어 낼 때 적용되는 것이 공학이다. 운동을 이해하기 위해 작은 단위로 분할하여 단순화시켜 접근하는 방식으로는 미분 개념이 있다. 이 분야의 대표적인 응용으로 영화, 컴퓨터 이진법, 에어콘 등이 있다. 1초에 30여 장의 정지된 사진(필름)을 연속적으로 적합한 것이 영화이다. 모든 그림 또는 정보를 1과 0의 이진법으로 바꾸어 컴퓨터에 적용시켰다. 에어컨은 프레온가스의 성질을 이용하여 전기에너지를 열에너지로 바꿨다. 이런 맥락에서 기초과학 탐구가 없고 과학적 상상력이 없는 공학은 오래 버틸 수 없고 성장할 수 없다. 인간의 상상 속이나 이론으로만 머무르는 것들을 구체화시켜 인간에게 필요하고 편리한 것을 유형화시키는 능력이 곧 공학에서의 수학적 능력이다. 이에서 더 나아가면 현실화할 수 있다. 오늘날 사물 인터넷을 포함한 다양한 응용은 이미 존재하는 것들을 우리 인간이 상상하여 연결하고 통합한 것이 대부분을 차지한다. 이 역시도 우리 인간의 상상력을 실현시키는 공학적 사고 덕분이다. 이 밑바탕을 수학이 담당한다고 볼 수 있다.

사회과학 영역으로 들어가 보자. 시간에 따른 인간의 반응, 흔적 등을 구체화시키는 것이 역사이다. 곧 역사 교과목은 시간에 따른 인간의 군상을 표현한 것이다. 탄수화물인 경우 그 반감기를 이용하여 시대를 판정하여 그 시대의 생활상, 기능 등을 추론할 때 수학을 활용한다. 과거 역사의 교훈을 거울삼아 오늘날의 인간상의 많은 문제를 해결하고 앞으로의 방향을 설정할 때 수학을 기본으로 삼는다.

공간을 인간의 관점에서 조명한 것이 지리 교과목이다. 곧 지리 교과목은 공간이 어떻게 생성되고, 어떻게 변하고 어떻게 활용될 수 있을지 고민한다. 지리는 공간이 우리 인간에게 어떤 의미가 주어지는가를 근간으로 한다. 3차 공간을 등고선과 색깔로 표현한 것은 지도이다. 모양과 크기를 그대로 반영하여 축소하는 특별한 기법이 지도 제작에 필수적이며, 오늘날에는 GPS를 이용하여 찾고자 하는 목적지는 지구상의 어떤 곳도 탐험이 가능하도록 해 준다. 이는 곧 운전자가 없는 자율주행 자동차를 꿈꾸게 하는 원동력이 되기도 한다. 지리는 지도, 인구, 환경과 인간의 상호작용과 관련된 수를 정의하고 우리 인간의 삶을 풍요하도록 만드는데 기여한다.

어떤 물건이나 지식까지도 재화가치로 바꾼 과목이 경제이다. 경제는 가능한 한 돈으로 바꾸어서 본질적인 가치나 기능은 고려하지 않지만, 돈의 흐름을 예측하고 대비하는 것이 그 주류 사상이다. 사회 영역 중에서 수학을 가장 많이 사용할 수 도 있는 영역이 경제영역이다. 외국에서는 수학과를 졸업한 학생이 학부를 마치고 대학원 경제학과로 진출한다. 이것이 수학의 응용분야를 발전시키는 원동력이 되고 있다. 경제는 희소성을 그 핵심으로 한다. 이 희소성을 잘 활용하면 경제현상의 많은 부분이 설명되어진다. 그래서 희소성이라는 의미로 싱상력을 동원한다면 많은 부가가치를 창출할 수 있다.

수학과 전혀 관련 없을 것 같은 국어 영역에서도 수학적 사고는 요구된다. 예를 들어, 음운론 특히 발음교정에서 수리적 모형을 요구한다. 참스키에 의해 언어의 분석이 시도된 이래 언어영역에도 수학이 사용되었다. 우리나라에서는 국어를 전공하는 이가 수학을 잘 모르기 때문에 음운론이 특히 취약하다. 음성으로 내는 말을 컴퓨터에 직접 입력하도록 하는 것도 이와 무관하지는 않을 것이다. 그래서 수학적 사고를 잘 하면서 언어적 분야에 흥미를 가진 사람은 이 영역에서 경쟁력이 배가될 수 있을 것이다. 글의 순서 정하기, 제목 정하기, 같은 활용 찾기 상황, 접속어 등에도 수학적 사고가 깊숙이 자리잡고 있다. 한편 수학의 실마리를 가지고 소설을 쓰기도 한다(천년의 침묵, 조선수학자 홍정하 등).

구체적인 기호로 나타내지 않더라도 흉내 또는 모방이 가능하고 리듬과 흥을 학습하게 하는 음악의 경우를 살펴보자. 음악은 우리의 감정과 삶을 목소리나 악기의 소리로 표현한다. 이를 위해 수리적 모형에 따른 음정과(음의 높낮이) 박자(음의 장단)를 일정한 규칙(악보)에 따라 표현하는 것이 기본이다. 이에 수리적 감각과 분석적 사고, 규칙의 표현 및 감지가 음악의 기본적 구조가 됨을 쉽게 알 수 있다. 이러한 의미에서 음악은 종합적인 수학 예술이다. 즉 인간이 자신의 감정과 이상을 음악을 통해 표현하는 것은 직관적 통찰력과 분석, 규칙을 바탕으로 하는 수학적인 활동이라고 할 수 있다.

미술은 어쩌면 수학과 가장 깊은 관련을 맺는 분야일 것이다. 과거 인류가 그린 그림들을 보면 초기엔 공간을 평면에 그대로 옮겨 생동감이 없었다. 하지만 사영기하학 원리를 이용한 그림 그리기 기법으로 입체를 생동감 있게 화폭에 담을 수 있게 되었다. 이를 활용하여 수학은 기하학에서 새로운 학문 분야의 탄생을 가져오기도 한다. 한편 수학에서 점, 선, 면을 기준으로 유클리드 기하학은 펼쳐진다. 그러나 미술에서 가장 기본이 되는 것들을 탐구하다 보면 점, 선, 면으로 수렴하는 구상미술 세계를 구현하기도 한다. 좋은 그림을 그리기 위해서는 면밀한 관찰이 있어야 한다. 상상한 세계, 곧 눈 감았을 때 제대로 선명하게 볼 수 있는 세계를 표현하는 것 또한 수학의 역할을 음미하는 계기가 되기 충분할 것이다. 색상에 대한 기호화, 명도, 채도, 그림 크기, 장르에 대한 분류 등의 사고는 수학이 그 기반이 되어야 할 것이다.

체육은 신체를 수학적으로 활용한 것으로 볼 수 있다. 몸은 주로 운동능력을 견지하고 건강한 정신을 지지하도록 만든다. 몸은 발레, 무용, 체조 등의 아름다움을 표현하는 우아함과 달리기, 역도 등의 강인함을 표현하게 해 준다. 몸으로 표현하는 것에는 소위 체육 교과목에서 하는 대다수의 것들과 음악분야의 특수한 분야인 발레, 미술분야의 행위예술 등이 해당될 것이다. 가장 수학적 미를 승화시킨 것 중 몸을 활용하여 아름다운 원을 연속적으로 잘 만든 경기 선수로 피겨의 김연아, 체조의 양학선, 리듬체조의 손연재 등을 꼽을 수 있다. 체육활동을 잘 수행하기 위해 스포츠 과학 분야가 각광을 받고 있다. 사회체육을 필두로 사람의 신체에 대한 이해를 수리적으로 수행하고 인간 각자에 알맞은 건강 비법을 만드는 것 또한 수학을 활용한 것이다.

오늘날 사람들은 융합의 세계를 구현하기를 바란다. 수학은 언어 다음의 도구교과이다. 도구는 그 모습을 잘 드러내지 않는 속성을 갖고 있다. 하지만 특수한 의도를 가지고 본다면 그 모습을 드러낸다. 앞에서 고려한 다양한 학문 분야에 대한 수학적 조명이 조금은 우리의 수학 인식 세계를 넓히는 계기가 되길 바라면서, 일상 속에서 시나브로 수학적 안목을 가지고 관찰하고 그 세계를 수학적 표현으로 나아가는 계기가 되기를 바란다. 이것은 일종의 수학 결과를 그대로 수용하는 것이 아니라 수학함(doing mathematics)을 실행하는 길이다. 각자의 학문 분야에서 수학적 특성을 제대로 구현하는 것이 곧 그 학문세계에서 전문가로 성장하는 길이 될 것이라 생각하면서 언급한 내용들이 수학적 상상력을 맘껏 발휘하는 작은 단초가 되길 바란다.

세 번째 이야기, 미래 사회와 수학적 사고력

수학은 21세기를 살아가는 우리 인류에게 핵심적이면서도 필수불가결한 존재이다. 언어와 함께 수학은 우리에게 매우 중요하지만 익숙하기에 그 쓰임새를 구체화해 보지 않으면 우리는 수학의 중요성을 간과하기 쉽다. 공기와 물과 같이 그것이 없을 때 그 고마움과 가치를 절실히 아는 것처럼 말이다. 수학이 없는 세상을 상상해 보라. 그런 세상에서 우리는 어떤 방식으로 소통할 수 있을까?

먼저 수학은 규칙성을 탐구하는 학문이다. 인간, 사회, 자연을 각자의 삶에 의미 있게 하려면 먼저 그것을 관찰하여 그 대상의 고유속성을 잘 파악해야 한다. 규칙성의 대상이 무엇인지 구체화할 수만 있다면 거의 모든 영역에서 수학은 그 힘을 발휘할 수 있다. 그리고 수학의 특성 중 하나인 추상은 본질만을 추구하고 사소하거나 우리를 혼란스럽게 하는 부분들을 과감히 버릴 때 가능해진다. 많은 영역에서 활용되기 위해서는 그만큼 많이 사상해야만 수학의 모습으로 나타난다는 사실을 이해할 때 비로소 우리는 주어진 상황에서 유효적절하게 수학을 활용할 수 있는 능력을 소유하게 된다. 수학은 보이지 않는 것의 본질을 선명하게 볼 수 있게 하는데 그 정도는 수학을 활용하는 사람의 능력에 따라 다르다.

수학 영역은 수, 모양, 가능성, 운동 등이 규칙성의 대상으로 구체화되면서 발전해 왔다. 현대수학에서는 인간 각자의 고유한 정의가 매우 중요한 역할을 한다. 그런 정의의 기저에는 세상을 바라보는 고유의 단위와 집합적 사고, 집합들을 관계 짓는 함수적 사고가 있다. 먼저 단위를 살펴보자. 자연수에서 '1'은 모든 수의 기본이자 으뜸이다. 온전한 것으로 세상 모든 것에 '1'을 부여하여 세상 이치를 이해하는 근간으로 삼는다. 인간을 이해하는 가장 근본에 이 '1'이 존재하며, 생물, 무생물로 확대되면서 저마다의 역할과 가치를 제대로 인정하는 기초를 형성하게 된다. 이것을 근간으로 양화시키기 위한 기본 단위들이 설정되면 그때부터 우리는 수학적 사고라는 도구를 활용하여 사고할 수 있는 터전을 마련하게 된다. 각자의 영역에서 기본이 무엇인지를 구체화시키고 이를 근간으로 '배' 개념을 정립시켜 대소비교, 사칙연산의 원리, 모델링을 실시하여 다양한 영역에서 활용하면 되는 것이다.

수학적 사고는 같다(=), 다르다(≠)의 사고를 바탕으로 한다. 그리고 더 나아가 '속한다, 속하지 않는다'의 집합적 사고, 이를 확대하면 분류(대상 및 기준)가 기본이 되어야 제대로 힘을 발휘할 수 있다. 모든 학문에서 이러한 집합적 사고 및 분류의 개념 및 능력은 필수적이다. 이것을 제대로 할 수 없다면 학문의 이해는 사상누각이 될 것이다. 분류에 있어서 분류대상 및 기준을 잘 알고 있다면 낮은 수준의 사고를 요구하지만 이러한 단순한 적용은 일상생활에서 매우 드물다. 세상을 살아가다 보면 특성과 상황에 따라 적절한 기준을 새롭게 만들어야 하고, 특히 자연현상이나 사회현상에서는 새로운 일들이 빈번하게 일어나고 급격하게 변하므로 더더욱 분류는 중요한 사고 기능 중의 하나이다. 새로 만나는 상황을 면밀히 관찰하여 그 대표적인 속성을 찾아 기준을 세우고 이 기준과 대상을 바탕으로 분류 개념을 정립하고 언어화하는 것이 최고의 전문가 영역임은 두말할 나위가 없다. 분류야말로 각 분야의 핵심적인 사고라고 해도 과언은 아니다. 그리고 집합이 형성되면 서로 다른 2개 이상의 집합들을 연결시켜 원인과 결과, 입력과 출력 등으로 확대하여 나가는 함수적 사고 역시 상상력의 기저를 이루는 사고이다.

논리 또한 매우 중요한 요소인데 각 영역에서 조금은 변형되어 활용되고 있다. 그러나 그 본질은 매우 유사하다. 가장 기본적이면서 완전한 체계가 수리체계이기 때문이다. 그러므로 수학적 아이디어에 대한 구체적 음미 및 활용은 모든 영역에 있어서 매우 중요하다.

이런 의미에서 다가오는 미래의 인간 자질로서 수학적 사고력은 매우 중요하다. 수학이 사용되지 않는 곳은 거의 없다. 그만큼 우리와 밀접하게 일상화 되어 있다. 그러나 우리가 수학이라고 명명하기 전까지는 수학이 아님 또한 분명한 사실이다. 그래서 수학을 활용하는 사람들 각자의 능력에 따라 천차만별의 모습으로 수학은 나타난다. 가장 대표적인 것이 자본이라는 개념으로 이미 가치를 재화로 바꾸어 수학적 성질이 일상에서 그대로 적용되도록 우리 경제는 운영되고 있다. 경제적 행위와 수학적 사고 및 태도는 필수불가결한 것이다.

우리는 각 학문이나 자신이 종사하는 분야에서 사용되는 수에 대해 구체적으로 이해하고 있어야 한다. 각 분야에서 가치를 매개로 또는 현상이나 본질 파악을 위해 정의하고 만드는 수는 그 분야에서 가장 중요한 근원이 된다. 이렇게 만들고 수집되어진 수를 시간과 관련시켜 보면 문제 상황에서 해결 가능한 적합한 추론이 가능해지고 이를 근간으로 미래를 예측하고 대비하여 그 분야에서 적응능력을 높이며 나아가 삶의 질을 향상시킬 수 있을 것이다.

그러므로 향후 직업을 선택하기 위해서는 여러 분야에서 활용되는 수를 살펴보는 것도 좋은 선택의 하나가 될 것이다. 만일 정의되고 많이 활용되는 수를 관찰해 보고 가슴이 뛰고 인생을 불살라 보고 싶은 그런 수가 존재한다면 이러한 분야로 진출하기 위해 필요한 자질과 소양을 갖추는 것 또한 필요할 것이다.

제7장

용의자 X의 헌신

이 추리소설에 등장하는 주인공 이시가미는 수학교사이다. 짝사랑하는 여인인 요사코는 이시가미 옆집에 살고 있다. 어느 날 요사코에게 전남편이 찾아와 우발적으로 살인을 하게 된 것을 도와준다. 그러한 과정에서 요사코에게 알리바이를 성립시켜 준다. 유가와는 이시가미의 동창이고 과학 교수이다. 이시가미는 유가와로 인해 또 다른 살인 사건에 연루된다. 이로 인해 수학자인 이시가미와 과학자인 유가와 간의 두뇌게임이 벌어진다.

이 소설에서 나타나는 수학과 관련되는 3가지 측면을 우선 살펴보고자 한다.

첫째, 추론의 사유물로, 주요 사건이나 환경, 물건들에 대한 관찰에 의해 본질과 인간 내면의 의미를 구성해 가는 활동들이다. 이시가미의 경우, '널려 있는 세탁물'로 주거 공간(대표성, 추론)임을 알아낸다. 끈으로 묶어 놓아둔 오래된 수학참고서를 유추하여 수학선생이라는 사실을 안다. 공업계통 잡지를 보고 있다는 것으로 기사임을 알아채고, 샌들과 아침에 샌드위치를 사 가지고 오는 것으로 무직 주부임을 파악한다. 담배냄새, 신발을 안 신고 있는 것, 고다츠 안의 사람, 전기코드가 없고, 바퀴벌레가 없는 것을 보고 숨기고 싶은 것이 있다는 것을 알아낸다. 제 2의 희생자인 사람의 지문, 타다 만 옷, 훔친 자전거 등으로 요사코의 전 남편인 것처럼 꾸민다는 점도 형사들이 그렇게 추론하도록 유도하고 있다.

유가와에 의한 사례로는, 사건 당일 형사가 호출 받은 것으로 사건 담당임을 유추하고, 이시가미의 겉모습에 신경을 쓰는 것과 상대 남자에게 질투하는 기색을 보면서 사랑하는 사람이 있음을 알아내는 것이 있다. 과학자인 유가와의 관찰력과 추리력을 자세히 소개하고 있다.

둘째, 수학문제와 그 활용 측면이 그것이다. 대표적인 수학 난제 중에 하나였던 4색 문제(평면 또는 구면 위에 모든 지도는 4가지 색으로 칠해 구분 가능함)는 1879년 A. 케일리가 제출했다. 일리노이 대학의 케네스 아펠과 볼프강 하켄이 1976년에 컴퓨터를 사용해 150종류에 대해 확인하여 증명되었다. 헝가리 태생의 수학자인 폴 엘데슈는 컴퓨터 증명을 아름답지 못하다고 하였다.

수학의 활용 사례로는, 오트바이 레이스의 미분을 활용한 측면이 있다. 속도전환의 경우에 속도는 1차 미분에 해당되고, 가속도는 2차 미분에 해당되며, 주행거리는 시시각각 변하는 속도의 적분으로 구하게 된다. 운전자는 의식하지 않지만 스태프들은 이를 유념하고 적극 활용한다고 보고 있다. 한편 음악공학에 사용되는 수학으로 미적분 에피소드를 나타내기도 한다.

셋째, 수학과 과학과의 관계에 대한 아이디어와 그 설명이 등장한다. 학자들은 세상 모든 것을 이론으로 구축하고자 하는 욕망을 가지고 있다. 수학자인 이시가미는 수식이라는 블록을 쌓아올려 그 목적을 달성하며 시뮬레이션 기법을 활용한다. 과학자인 유가와는 관찰에서 출발하여 수수께끼를 발견하고 해명하며 실험 기법을 활용한다. 한편 물리학도는 수학자가 만들어 낸 정리만을 사용한다. 이를 증명하는 것은 수학자의 몫이라고 한다.

넷째, 수학의 특성과 학습방법에 대한 아이디어 제공 측면을 들 수 있다. 작가는 '수학은 세계의 입구인 동시에 수학이라는 난해한 학문이 있다는 것만 알면 족하다'고 했다. 공부의 목적으로서 '왜? 라는 의문을 해결하는 과정에서 학문하는 목적이 생긴다.' 이것이 수학의 본질을 이해하는 길로도 이어진다. 고찰이라는 의미는 생각하고 추론한 내용, 실험을 해서 예상대로 나온 결과를 내는 것이다.

한편 '사람이 풀기 힘든 문제를 만드는 것과 그것을 푸는 것 중 어느 쪽이 어려운가?' 와 '혼자 생각해서 답을 제시하는 것과 제시한 답이 옳은지 그른지 판단하는 것' 중 간단한 것을 대비시켜 조명하고 있다. 이를 이시가미의 범행에 대한 자수와 대응되는 것으로 연결시킨다. 수학 문제의 변형에 대한 '선입견은 보이는 것도 감추어 버린다. 그래서 선입견에 의한 맹점을 찌르고 들어간다.' 는 문장은 기하학 문제인 듯 보인다. 하지만 함수문제로 출제해서 학생들의 문제 읽기 및 해결 능력을 판단하는 문제이다.

수학에 대한 느낌 또는 감정으로는, 수학에 대한 자신의 기분을 설명하는 것, 절대로 완벽하다고 믿고 있던 수식이 예상하지 못한 미지

수 때문에 서서히 흩뜨려져 갈 때 느끼는 감각을 묘사하는 것, 수학문제가 풀려서 느끼는 아름다움과 본질과 같은 아름다움이 있다는 사실과 수학이 세상과 관계되는 것만으로도 행복하다고 한 것이 있다.

한편 이시가미는 하나오카 야사코의 알리바이를 만들기 위해, 사건 당일에 긴시초 라쿠텐지에 있는 영화관에서 6시 반에 영화를 보고, 라면집에서 식사를 하고, 1시간 반 정도 노래방에 들러, 12시 반 이후에 친구와 통화하도록 하여 완벽하게 대처한다. 그런데 이 시간에 두 번째 살인을 하여 진짜 사건이 일어난 시간이 아닌 그 다음 날 수사가 이루어지게 함으로써 살인 사건 자체를 새로 구성한다. 유가와에 의해 기사가 살해된 배경이 밝혀지고 요사코가 자수하는 것으로 마무리된다. 이것은 사건이 일어난 시간에 범행 장소에 없었으므로 범인이 아니라는 알리바이를 구성케 하는 함수적 사고의 실현의 한 장면이다.

첫 번째 이야기, 4색 문제

런던 대학교의 교수이든 드 모르간(De Morgan : 1806-1871)의 친구인 해밀턴에게 보낸 1852년의 편지에서 어떤 지도라도 단지 네 가지 색을 이용해서 칠 할 수 있을 것이라는 추측이 처음으로 등장한다. 미지의 문제로 남아 있다가, 컴퓨터로 해결된 문제이기도 하다. 이 증명은 1만 가지 경우의 수에서 1973가지의 구체적인 경우로 세분화 된 후, 2008년 컴퓨터 알고리즘을 사용해서 각 경우로 하여 증명되었다. 수학자들은 컴퓨터에 의한 증명에 대해 불쾌한 감정을 드러내기도 한다.

1975년 마틴 가드너는 만우절 조크로 소개한 그림이다. 왼쪽 그림인데, 110개로 나누어진 지도이다. 그는 이것을 4색 문제에 대한 반례라고 주장하였다. 후에 웨이건이 오른쪽 그림처럼 지도를 4가지 색으로 칠할 수 있음을 증명하였다.

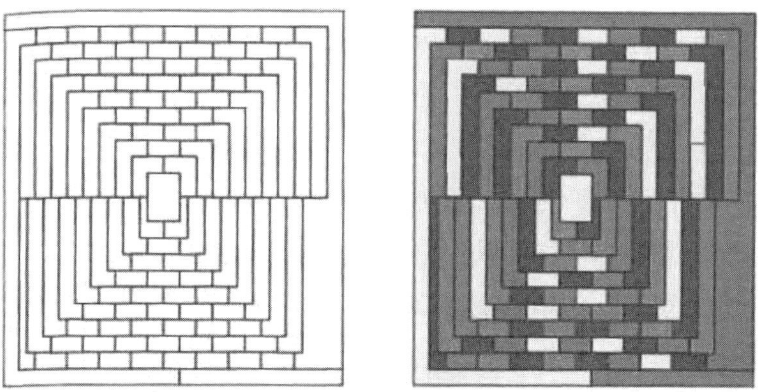

[그림] http://mathworld.wolfram.com/Four-ColorTheorem.html

두 번째 이야기, 삶 속의 수학

수학적인 안목과 관점으로 보면 세상 모든 곳에 수학이 존재한다. 국어 문제에도 수학적인 아이디어를 사용한다. 제목 정하기, 주제 찾기 등은 대표성의 문제이다. 글의 순서를 정하거나 다음에 올 수 있는 문장 등은 순서의 문제이다. 그래서 순서를 정하면 시간에 따른 변화, 공간의 변화 등에 따른 논리적 전개가 될 수 있다. 나아가 문장 전환과 관계되는 연결 의미로 접속사를 활용하면 논리어가 사용된다. 같은 용례로 사용된 문장 찾기는 유비추론의 활용 등으로 설명될 수 있다.

상대방과 합의하기 위해서 사용되는 것 또한 같음과 다름을 추구하는 일종의 수학이다. 이는 어떤 점에서 나와 같고 다른 지 파악하여 상대를 이해한다. 그 후 자신이 실질적으로 행할 방안을 찾기 위한 집합을 선택한다. 그 과정에서 연속적으로 수학적 사고가 생긴다. 처음에 하나씩 대비시켜 포함여부를 결정하는 원소나열법으로부터 시작한다. 여기에 요약할 조건을 채운다. 이것은 개념화의 전제로서 조건제시법으로 활용하는 근간이 된다. 우리가 어떤 선택을 하게 되는 경우, 수량화하여 좋은 방향으로 선택을 하지만 다소 무거운 쪽을 선택한다. 이 경우 대·소 관계를 활용하는 수학의 응용이 된다. 이때는 존재와 가치론적 관점에서 속성을 뽑아내고 기준이 되는 기본단위를 정하고 그것의 몇 배가 되는지를 어림하는 능력이 요구된다.

세상이 어떤 모양으로 만들어져 있는지, 어떤 성질들을 활용하는지 살펴보는 것 역시 수학의 한 분야이다. 우리 일상생활에서는 다음의 성질을 많이 활용한다. 피타고라스 정리와 비의 성질은 이용하여 거리를 구하는 문제, 최초의 다각형, 평행선 공준 등에 삼각형을 활용한다. 상자모양, 건축물 활용, 우유통 설계 등에서는 사각형을 활용한다. 그릇, 물레, 원기둥, 정폭도형 등에서는 원을 활용한다. 현수교, 안테나, 파블로 자동차 전조등 등에서는 포물선을 활용한다.

장기 목표를 세우고 일련의 기본조각으로 나누어 실행하는 것은 일종의 미분 행위이다. 일정한 기간마다 일의 진행 상태를 종합 판단하는 것은 적분적 사고에 해당된다. 물론 독립변인은 우리 모든 사람들에게 동등하게 주어지는 시간이 될 것이며, 종속변인으로는 인간 각자가 추구하는 그 무엇들이 될 것이다.

만일 이 세상에서 사용되는 수학을 없앤다면 어떤 일이 일어날까? 이 문제를 탐구해 보면 대부분의 학교 밖에서의 삶이 수학과 관련되어 있음을 쉽게 이해하게 될 것이다. 그러나 우리가 특정한 것을 수학이라고 정의하기 전에는 수학은 숨어 있고 그 모습을 드러내지는 않는다. 바록 수학이 지천으로 깔려 있어도 그것을 의식하고 인정해 주어야지만, 그 순간부터 수학으로 태어나기 마련이다.

삶에서 사용되는 각종 수치들(그 생성배경 및 구체적인 의미를 객관화하여 나타낸 수량화된 수들), 도형 및 그 응용, 정보로서 제공되는 각종 통계 수치들, 간단하게 요약 하는 것, 알기 쉽게 시각화 시키는 것과 그 활용 등 모두가 수학의 구체적인 대상이고 동시에 적극적인 활용이 된다. 모든 학문 영역에서의 분류는 가장 초보적이면서도 가장 높은 수준의 사고이다. 이것은 수학의 집합적 의미의 구현으로 내포적으로 나타내는 구성 개념과 일맥상통한다.

가장 순수하고 핵심적인 것만 취하여 모형화시키는 것도 수학이다. 반복적으로 나타나는 것들 중에서 무가치하거나 필요 없는 것들을 제거하는 것도 수학적 의미 중 하나로 분류하고 취급해야 한다.

이미 수학은 우리에겐 없어서는 안 될 공기나 물과 같은 존재이다. 너무 일상적이어서 누군가 수학이라고 말하면 억지 같다는 생각이 들 수도 있다. 컴퓨터를 활용하는 디지털 세계에서 모든 사상이나 현상, 문제들이 0과 1의 이진법 세계를 통과해서 우리에게 전달되는 것도 수학적 산물이다.

그러나 수학은 나만 잘 되기 위한 것이 아니라 타인을 위해 손해보면서도 베풀 수 있는 그러한 능력과 자질을 갖추는 것이 필요하다. 즉 이타적인 기본 사상 위에 공유할 수 있는 것들을 가능한 한 많이 만들고 더불어 살아가는 존재들로서 능력과 자질이 필요하다는 말이다. 이런 맥락으로 각자의 삶에서 머리가 아닌 가슴 속에 꽃 피워야 될 고유한 향기와 빛깔이 되어, 자유롭게 살아가는 것임을 명심하고 실천해야 한다.

세 번째 이야기, 수학과 수학교육

수학이란 무엇인가?

우리는 학교에서 많은 교과목을 학습한다. 그 중 한국사회에서 가장 중요하게 생각하는 교과목이 수학일 것이다. 그렇다면 수학이란 도대체 무엇인가? 아마 대부분은 수에 관한 학문 또는 수와 도형에 관한 학문이라고 할 것이다.

학자에 따라 수학에 대한 정의는 매우 다양하다. 하나로 결론내기는 어려울지 모른다. 아니 불가능하다고 본다. 지금부터 수학이 가지는 특성을 반영하여 수학이 무엇인가에 대한 몇 가지 관점을 제시해 보고자 한다.

첫째, 수학은 언어다. 수학은 어떤 특수한 조건 하에서 일어나는 일정한 규칙을 나타내는 인위적인 언어이고 동시에 과학을 올바로 이해하기 위한 언어이다. 수학은 가장 간단명료하면서 상징적인 동시에 강력한 힘을 가진 세계 공통의 언어이다.
하나의 언어를 학습한다는 것은 말하기와 쓰기만을 배우는 것을 의미하지 않는다. 언어를 배운다는 것은 언어가 생성된 역사적 배경과 문화, 인간 이해가 동반된다. 읽고 말하고 듣고 쓰는 것은 가장 기본이며 그 이상의 이해를 요구한다. 수학이라는 언어는 이 세계 모든 사람들이 공통적으로 이해하고 가져야만 하는 그 무엇으로 만들어져 있다. 그렇기에 언어의 학습과 마찬가지로 수학이 발생한 역사적 배경, 수학적 문화, 인간과 더불어 성장하는 학습이 되어야 한다.

둘째, 수학은 규칙성(pattern)을 탐구하는 학문이다. 사회와 자연에 존재하는 규칙성을 찾아 규명하고 구조화하는 일련의 과정이 바로 수학함이다. 수학을 통해 가장 간단하면서도 명료하게 구조화시킬 것을 요구한다. 그 결과 수의 관계 및 규칙성은 수론으로, 도형의 모양과 위치의 규칙성은 기하로, 크기에 대한 규칙성은 측정으로, 운동의 상태 변화는 미·적분으로, 가능성의 규칙성은 확률로 발전될 수 있었던 것이다.

이런 규칙성을 추구하는 수학은 인간이 살아가는 데 긴요하게 활용된다. 인간이 자신을 포함한 이 세계를 올바르게 이해하기 위해서는 잠재되어 보이지 않는 것을 구체적으로 드러내어 그 규칙의 존재성을 인식하고 규칙을 밝혀 구조화시키는 능력이 요구되기 때문이다. 규칙성을 파악한다는 것은 미래의 사건에 대해 추측할 강력한 근거를 마련하는 것을 의미한다.

셋째, 수학은 제약조건으로 만들어진 약속체계이다. 약속은 강제적인 것이 아니라, 상호의존적이며 약속 당사자들이 그 약속의 조건을 받아들여 인정하고 지키는데 그 생명이 있다. 그러나 대개 수학은 이미 만들어져 있어서 무조건적으로 믿어야만 되는 것으로 인식되어 있다. 이러한 생각으로부터 탈피하여 조건에 대한 철저한 해석과 해부로부터, 다시 말해 자신의 이해에 기초하여 끊임없이 의심하는 의구심으로부터 이 의구심을 해결하는 것, 조건을 수용하여 믿는 것이 필요하다. 강압적인 약속은 이미 약속이 아니다. 지킬 이유가 없다. 그러나 자신이 한 약속은 가능한 한 지켜지고 실행되어질 것이다. 이러한 약속 시스템이 수학학습에서도 강력히 요구된다. 이러한 맥락에서 우리가 수학을 학습할 때 개념 정립에 보다 많은 시간과 고민을 요구한다는 사실을 이로부터 유추할 수 있다. 약속행위가, 만나고자 하는 의지, 시간과 공간의 합의가 근본이듯이, 학습자가 수용하고자 하는 의지, 조건 및 그 추론과정에 대한 검토 및 비판을 통한 수용으로 이어져야 한다는 점이다.

넷째, 수학은 사고과정이다. 수학을 학습하다 보면, 수학은 가깝게는 과학영역에서 분리되어 나오는 듯하다. 이유를 찾고자 옛날로 거슬러 올라가면 철학에서 분기점을 찾을 수도 있다. 옛날 과학자들이 수학자이고, 철학자들 중에도 수학자가 많은 것에서도 유추해 볼 수 있다. 여러 가지 사건이나 사상들의 공통성을 추구하고 추상화시켜서 간단명료하게 나타내는 등의 활동은 인간의 사고를 잘 이루어지게 한다. 수학을 한다는 것 자체가 사고 형성 과정 그 자체를 의미한다. 조건을 명확히 하고 정상적인 추론과정을 진행하면 어떤 일정한 사고 패턴을 발견하게 된다. 이를 정착화시키는 것 그 자체가 사고의 과정이 된다. 누구나가 자신의 사고를 반성하고 세련되게 하는 것도 수학의 한 역할이다.

다섯째, 수학은 인류가 살아가는데 가장 기본적인 도구이다. 다른 모든 학문을 수행할 때 수학이 기본적인 도구 역할을 충실하게 한다. 현대 세계는 강력한 상징의 세계이다. 매일 사용하는 시간과 돈을 이해하는 화폐와 시각에 대한 약속 등이 가장 기본이 된다. 인간이 경제적 동물이라고 하는 저변에 이미 수학으로 만든 상징인 화폐가 그 중심을 차지하고 있다. 보다 나은 물질세계를 구현하는 것도 수학의 강력한 힘을 필요로 한다. 수학을 통해 수량화 과정을 거치면 순수해진다. 수학은 미래를 예측가능하게 해 주는 마력을 지니고 있다.

앞에서 밝힌 바와 같이, 수학은 하나의 언어이며, 약속체계인 동시에 규칙성을 탐구하는 학문이다. 그렇다면 우리도 이 수학의 정의에 맞게 학습하는 자세가 매우 필요하다. 세상에 대한 호기심을 갖고,

시나브로 수학이라는 안경을 끼고 세상을 관찰하고 바라보는 것이 필요하다. 세상 모든 곳에 수학이 존재한다고 한다. 하지만 그것들은 우리가 수학이라고 명명하기 전까지는 적어도 자신에게 수학은 아니다. 세상이 수학으로 가득 차 있는데도 나만 볼 수 없다면 수학 세상에 있어서 소경이나 다름없지 않겠는가?

네 번째 이야기, 6하 원칙으로 본 수학 교육에 대한 소고

우리는 많은 일들을 6하 원칙에 따라 계획하고 실행하고 점검을 한다. 그만큼 이 6하 원칙은 우리가 살아가는 인간사회에서 사건에 대한 진단과 중요한 의미를 가진다고 볼 수 있다. 따라서 수학교육에서도 이러한 점에 비추어 점검해 볼 필요가 있다.

6하 원칙은 who, when, where, what, why, how를 일컫는다. 수학교육에서는 내용에 해당하는 what, 문제가 주어졌을 때 이를 해결하는 방법인 how에 치중되어 있다. 요즈음 why를 강조하지만 what을 암기하고 반복하여 시행하는 행위가 현실에 만연되어 있다. 이에 대한 해결책으로 6하 원칙을 살펴보자.

첫째, who에 대한 내용이다. 물론 수학학습은 학습자인 학생들에게 초점이 이루어져야 한다. 실질적으로 학습에 대한 권한과 책임은 학습자에게 있어야만 한다. 그러나 이것이 정상적으로 실현되고 있지는 않다. 산업사회에서는 동일한 표준화된 능력을 얻으면 목표가 완성되었다. 이러한 목표에 가장 충실할 수 있었던 교과가 아마 수학일 것이다. 시대가 다양화, 정보화, 개성화, 세계화 시대로 변했다. 이 시대에서는 표준은 단지 기초일 뿐, 이 사회를 잘 적응하고 보다 나아지기 위해서는 그 이상의 능력이 필요하다. 이에 대비하기 위해서는 실질적인 독립학습자가 되어 자신의 삶을 책임지고 살찌우며 나아가야 한다. 기성세대들인 교사나 부모들은 하나의 사례나 하나의 잣대로서의 역할만을 수행해야 한다. 따라서 진정한 주인으로서 학습자가 설 수 있도록 해야 하며, who에 대한 의미를 구체적으로 생각해 보아야 한다.

둘째, when에 대한 내용이다. 이것을 수학교육에서 가장 간과하고 있다. 역사적인 발달, 수학의 특성(추상화, 단순화, 공통성 추구, 논리적 추론 등)을 고려해야 한다. 또, 언제 수학이 사용되는지에 대한 구체적인 상황과 내용이 주어져야 한다. 그러나 한국 수학교실에서 타율적이고 맥락이 무시된 채, 강제적으로 학습이 이루어져 있는 등 수학 활용의 한계점을 많이 가지고 있다. 최근 실생활을 강조하지만 여전히 생활과 수학은 분리되어 있다. 그래서 많은 성인들은 수학 무용론을 부르짖고 있다. 수학은 단지 대학을 가기 위한 고통으로 전락하고 있다. 왜냐하면 수학의 발달 및 철학, 역사적 배경은 무시하고 결과만을 강요하기 때문이다. 수학도 하나의 예술품과 같다. 이 작품을 만들려면 많은 시행착오와 자기만의 색깔과 향기가 필요하다. 자신만이 알게 된 사실들을 매우 중요하고 가치 있게 여기는 태도도 중요하다.

만일 일상 속에서 매일 수학을 활용해야 한다면 이러한 점을 학습에 도입해야 한다. 다른 교과목 속에 어떤 모습으로 수학이 스며 있는지 밝히고 서로 도울 방안들을 모색하고 적용해야만 한다. 이러한 맥락에서 수학이 언제 사용되는지에 대한 감각과 이해가 요구된다고 여겨진다.

최근에는 수학의 영역 중 공학의 활용이 강조된다. 수학학습에서 언제 공학을 활용해야 하는지에 대한 이해와 활용이 필요하다. 그러한 의미에서 어림, 계산방법의 선택, 통계자료의 활용 등이 매우 구체적으로 다루어져야 한다. 내용 전달과 더불어 적절한 활용 시기도 교육해야 한다.

셋째, where이다. 세상 모든 곳에 수학이 있다. 수학이라는 특수한 안목으로 세상을 본다면 어느 곳에서나 수학을 만나게 된다. 무의식적이지만 통합적인 사고로서 조우하게 된다. 학교 교실에서만 수학이 일어나는 것은 아니다. 의도적으로 수학활용을 시도하고 반성하는 것이 매우 필요하다. 하루 일과 중 수학이 활용되는 곳, 구체적인 장면 등에 대해 프로젝트를 활용해 보는 것이 필요하다. 학습자들에게 자신에게 필요한 학용품들을 직접 사보게 한다든지, 광고 등을 분석하게 하여 광고에 등장하는 수학적 문구의 의미를 밝혀 구매에 도움을 주게 하는 행위 등도 경험하게 해야 할 것이다.

넷째, what에 대한 내용은 교육과정에 해당된다. 이것은 국가에서 주어지기 때문에 교육과정을 만들고 교과서를 만드는 사람들이 매우 신중하게 접근해야 한다. 또한 이러한 내용 및 과정들을 교사들에게 의미를 잘 전달하는 것이 필요하다. 우리 젊은 세대들이 학습해야 하는 내용들은 과거의 것이 아니라 현재에 사용되고 있으면서 미래의 자질에 기여하는 내용이 구체적으로 다루어져야만 한다. 따라서 미래에 대한 예측들을 매우 신중하게 하고 신뢰를 높여야 한다. 이를 토대로 내용들이 과감하게 바뀌어야 할 것이다. 이로써 단 한번뿐인 젊은이들의 생을 가치 있고 의미 있도록 해야만 할 것이다.

what에 대한 것들도 과감하게 개방해야 할 것이다. 교사 재교육 문제도 한꺼번에 해결되어야 한다. 아무리 교육과정이 이상적으로 변환하더라도 실행하는 주체인 교사 재교육 문제를 해결하지 않는 한 공염불에 지나지 않는다.

다섯째, how에 대한 내용이다. 이것은 비교적 잘 되고 있다고 볼 수 있다. 문제가 있다면, 주어진 문제에 한정하여 단편적으로 학습되는 방법일 것이다. 물론 요즈음 메타인지의 강조와 방법론에 대한 연구와 실행이 진행되어 고무적이다. 하지만 문제의 발생에 대한 이해와 접근이 한정되는 문제점이 있다.

계속해서 고기를 직접 잡아 주는 것보다는 어떻게 고기를 잡는 지 가르쳐 주어야 한다. 무의미하게 문제 풀이를 시킬 것이 아니라 다각도에서 접근해야 한다. 강압적으로 하지 말고 자율적으로 해야 한다. 수학이라고 해서 하나의 정형적인 알고리듬만 있는 것은 아니다. 각자의 개성을 살리고 점진적으로 수학 작품을 만드는 경험을 제공하는 것이 필요하다. 또 이 과정에서 반성적 사고의 활용이 필수적이다.

마지막으로 why에 대한 내용이다. why는 초기 입장에서 추측하는 것을 포함하여 보다 논리적이고 반성적인 활동을 모두 포함한다. 가장 중요한 문제는 자기점검 및 반성이다. 수학학습에서 문제에 대한 답이 명확하다는 것과 가장 효율적인 방법이 존재한다는 것에 입각하여 why는 형식적으로 이루어지는 한계점을 갖고 있다.

답만 옳다고 모든 과정이 논리적이고 합리적이라 할 수는 없다. 해를 구하고 나서도 더 나은 해결 방안이 더 없는지, 그 해가 왜 정당한지에 대해 사고하는 습관이 매우 중요하다. 수학이라는 학문이 조건과 적합한 수학추론에 의해 만들어지는 것이라면 학습자에게 이러한 경험이 필수적이라 할 수 있다.

이상에서 논한 6하 원칙을 고려해 보았을 때, 보다 보강하고 강조해야 할 점들은 when, where, why에 대한 점들이다. 물론 교육이라는 현상은 복합적인 구조를 형성하고 있어서 따로 떼어내어 생각한다는 점은 무리가 있다. 자신의 학습 경험과 상황들을 철저히 분석하고, 보다 나은 과정과 결과를 위해 통합적인 관점으로 과감히 개혁해야 할 것이다.

제8장

존재의 수학

- 파스칼에서 비트겐슈타인까지 인간 존재를 수학적으로 증명한 천재들 -

◆ ◆ ◆

이 저서는 수학이 인간 존재의 모습을 투영하는 성찰도구라는 관점을 가지고 있다. 초창기부터 현대에 이르기까지 게임이론의 창시자들이 발견하거나 발명한, 혹은 그것을 변형하거나 업그레이드 한 각종 승부와 도박, 전략, 확률과 관련된 이론을 수학적으로 접근하여 설명한 일종의 다큐소설이다.

◆ ◆ ◆

이 소설에 대해서는 인생에서 언어 및 수학의 역할이라는 관점에서 살펴보고자 한다.

우선 인생의 언어적 역할 측면을 살펴보자.

사람은 생존하는 것이 아니라 생존의 희망을 가질 뿐이라면서, 언어는 인간 존재를 투영하는 성찰도구라고 한다. 특히 모국어는 인간의 환상과 상상력을 자극하는 특성을 지닌다고 말하고 있다. 비트겐슈타인'논리철학 논고'에서"세계에 대한 생각의 토대를 마련해 주는 것은 수가 아니라 언어"라고 강조한다. 한편 무어는"비가 온다. 그러나 나는 비가 오지 않는다고 생각한다."는 외부 기상상태를 확인하는 것과 자신의 생각의 진술(내면세계에 대한 심리적 확인)이라는 말을 통해 언어는 모순되고 진지한 게임이라는 견해를 밝힌 무어의 역설을 주창했다.

다음으로 인생의 수학적 역할 측면을 살펴보자.

'인간은 생각하기 위해 존재한다.'라는 전제에서'우리는 인생이라는 게임을 하고 있는 존재'로 변하고 있다고 한다.'인생은 수학 규칙을 따르는 게임이고 인간의 존재를 수학적으로 파악하려는 노력이 게임 이론 역사에서 발견된 것이라고 말한다. 수학적인 척도로 사회적인 행위에 대한 이론을 관찰하면서 다양한 게임이론들을 개발하고 사회를 이용하는 도구로 활용한다. 인간의 특성으로 호모 에코노미쿠스(Homo Oeconomicus : 즉시 얻을 수 있는 이익을 먼저 생각하는 인간의 단순화한 모습을 나타냄)개념을 새롭게 설명한다. 특히 스포츠 경기에서 수학적 관찰과 기존 자료를 활용한 예측의 확실성을 얘기한다. 정보가 확률을 더 극명하게 바꿀수록, 그 정보는 가치가 크다는 이론의 사례로 몬티홀의 3개 선택 문제를 제시한다.

부록으로 이 작품에 등장하는 숫자 주머니 게임을 소개하면 다음과 같다.

숫자 주머니 게임

① 첫 번째 사람이 1에서 10사이의 숫자 하나를 부른다.
② 두 번째 사람이 1에서 10사이의 숫자 하나를 불러서 상대가 말한 수에 더해 합을 말한다.
③ 첫 번째 사람이 1에서 10사이의 숫자 하나를 불러서 앞선 점수를 더한다.
④ 100이라는 숫자를 먼저 부른 사람이 이긴다.

게임 속 수학적 해

- 1, 12, 23, 24, 45, 56, 67, 78, 89, 100을 먼저 한 사람이 항상 이긴다.
- 10,20,30,40,50,60,70,80,90 등의 숫자, 이런 방식으로 10씩 올라가도록 숫자를 부른다.
- 2, 13, 24, 35,46,57,68,79,90 등의 숫자로 11씩 올라가도록
- 상대가 80과 89 사이의 숫자를 부를 때까지 상대보다 1 많은 숫자를 부른다.
- 결국 90이라는 수를 부르고 상대방은 91부터 99 사이의 숫자를 부르도록 유도하면 이긴다.

첫 번째 이야기, 수학적 역설(이야기 역설 포함)

제논의 역설

제논의 역설은"움직이는 것은 사실 정지해 있는 것과 같다."라는 수수께끼 같은 주장이다. 이는 고대 그리스의 철학자 제논(Zēnōn ho Kyprios)이 주장했다. 영어로는 제논을 제노(Zeno)로 표현하기 때문에 종종 '제노의 역설'이라고도 한다.

대표적인 제논의 역설은'아킬레스와 거북이의 역설'이다. 트로이 전쟁의 영웅 아킬레스와 거북이가 경주한다. 거북이는 100m 앞에서 출발하지만, 아킬레스가 거북이보다 10배 빠르다.

출발! 아킬레스가 100m 달리면, 거북이는 10m 앞에 가 있다. 아킬레스가 10m 더 달리면, 거북이는 1m 앞에 있다. 마찬가지로 아킬레스가 다시 1m를 가면 거북이는 0.1m 나아간다. 따라서 아킬레우스는 아주 미세한 거리만큼 뒤처지게 되며, 아무리 가까워져도 거북이를 따라잡는 건 불가능하다. 이와 같이 간격은 끝없이 줄일 수 있지만, 결코 사라지지 않는다. 결론은 아킬레스가 꾸준히 달리는 느림보 거북이를 영원히 따라잡을 수 없다는 것이다. 아킬레스가 훨씬 빠름에도 불구하고 간격이 사라지지는 않고 끊임없이 좁혀지기만 한다니 움직여 봐야 소용없다는 것에 진배없다. 분명 놓치고 있는 것이 있을 텐데, 무엇이 문제인가? 열쇠는 무한등비급수의 합과 관련되며 이는 무한대(∞)에 대한 이해가 없을 때 생기는 역설이다.

아무리 달려도 아킬레스가 좁혀야 할 간격이 계속 남으니 역설이 맞을 법도 하다. 하지만 아킬레스가 직면하는 무한한 수의 간격이란 일정하기보다 계속 줄어드는 특징을 갖는다. 일정한 값에 수렴하는 무한등비급수인 셈이다. 아킬레스가 직면한 상황은 $\{100,\ 10,\ 1,\ \frac{1}{10},\ \frac{1}{100},\ \cdots\}$ 수열로 표시되는 무수히 많은 거리들을 줄이는 것이다.

그런데 부담스러워 보이는 거리들의 합은 고작 111m 남짓이다. 따라서 아킬레스가 자신의 출발점으로부터 112m만 달려도 거북이를 앞지를 수 있다는 것이다. 거북이가 불과 12m도 못간 지점이다. 이를 수식으로 알아본다면,

$S = 100 + 10 + 1 + \frac{1}{10} + \frac{1}{100} + \cdots.$ 의 해결이며, 누구나 알다시피 111.1 정도에 해당된다.

현실에서 직면하는 어떠한 거리(distance), 시간(time) 및 힘(force)도 제논의 주장처럼 무한히 작은 단위로 분할될 수 있다. 아킬레스가 좁혀야 했던 수많은 간격들처럼 0과 1 사이에도 무수히 많은 실수(real number)가 존재한다. 너무나 무한하여 소위 맞출 수 없는 퍼즐로 간주되어 온 것이 사실은 유한할 수 있음을 이해하게 된 것은 제논이 죽고 2천여 년이 흘러서다.

러셀의 역설

원래의 러셀의 역설은 다음과 같다. "집합에는 그 자신이 그 집합의 원소일 수 있는가 하면 그렇지 않은 것도 있다." 예컨대 유성들의 집합은 그 자신이 하나의 유성일 수 없고 따라서 유성들의 집합은 그 자신이 그 집합의 원소가 아니다. 또 하나의 예로서 모든 학자들의 집합은 하나의 집합이기는 하지만 그 집합 자신이 한 학자일 수 없다. 이에 반해, 아이디어들의 집합은 역시 아이디어이므로 아이디어들의 집합은 그 집합 자신이 그 집합의 원소이다. 또 다른 예로서 열 개 이상의 원소를 가진 모든 집합들의 집합은 분명히 열 개 이상의 원소를 가진 집합이므로 그 집합 자신이 그 집합의 원소이다.

이제'그 자신이 그 집합의 원소가 아닌 모든 집합들의 집합'을 집합 S라고 정의하자. 그러면'S는 그 자신이 S의 원소인가 혹은 아닌가'를 물을 수 있다. 이에 대한 답변을 구해보자.

첫째, S는 그 자신이 S의 원소이다. 즉 $S \in S$('$\in$'는 '···에 속한다'라는 기호이고, '$\notin$'는 '···에 속하지 않는다'의 기호임)라고 가정하면, 이 가정에 의해 당연히 S는 그 자신이 S의 원소이다.

그런데 S는 그 자신이 S의 원소이면 앞의 정의에 의해 S는 '그 자신이 그 집합의 원소가 아닌 모든 집합들의 집합'의 원소임을 말해준다. 따라서 S는 그 자신이 S의 원소가 아니다. 즉,

$$S \notin S$$

이 첫째의 논의를 다음과 같이 간결하게 정의할 수 있다.

$$(S \in S) \supset (S \notin S)$$

둘째, 만일 S는 그 자신이 S의 원소가 아니다. 즉 $S \notin S$라고 가정하면, 이 가정에 의해 당연히 S는 그 자신이 S의 원소가 아니다. 이것은 앞의 정의에 의해 S는 '그 자신이 그 집합의 원소가 아닌 모든 집합들의 집합'의 원소가 아님을 말해 준다. 따라서 S는 그 자신이 S의 원소이다. 즉,

$$S \in S$$

이 둘째 논의도 다음과 같이 일목요연하게 정리할 수 있다.

$$(S \notin S) \supset (S \in S)$$

위의 첫째와 둘째에 의해서 S는 그 자신이 S의 원소이면 그리고 그런 경우에 S는 그 자신이 S의 원소가 아니다. 즉 $(S \in S) \equiv (S \notin S)$ 이것은 바로 역설의 도식 그대로이다.

이 사례로는 세빌리아의 이발사 이야기이다. 세빌리아 이발사는 시골마을인 세빌리아의 주민들 가운데 자기 스스로 머리를 깎지 않는 모든 사람의 머리를 깎아준다. 이 때 문제가 하나 생긴다. 세빌리아의 이발사는 제 머리를 스스로 깎을까? 그렇다면 그는 제 머리를 깎지 말아야 한다. 그가 제 머리를 깎지 않는다면 깎아야 한다. 이것은 순수 논리적인 패러독스이다.

[네이버 지식백과] 러셀의 역설 [Russel, B. -] (철학사전, 2009., 임석진, 윤용택, 황태연, 이성백, 이정우, 양운덕, 강영계, 우기동, 임재진, 김용정, 박철주, 김호균, 김영태, 강대석, 장병길, 김택현, 최동희, 김승균, 이을호, 김종규, 조일민, 윤두병)

심프슨의 역설(Simpson's paradox)

전체의 한 부분에서 관찰된 데이터들로부터 추론한 통계적 경향이 전체에서는 나타나지 않거나 반대로 일어나는 현상이 사회과학이나 의학 분야에서 종종 나타난다. 영국의 수학자 심프슨은 이러한 현상에 대하여 집중적으로 연구하였는데 그의 이름을 따서 이러한 현상을 심프슨의 역설이라고 한다.

[네이버 지식백과] 심프슨의 역설 (수학백과, 2015.5)

두 대학에서 성별로 심리학을 수강하는 학생 비율을 조사하여 다음과 같은 표를 얻었다.

성별	A대학		B대학	
	수강	수강하지 않음	수강	수강하지 않음
남자	10%	90%	22.5%	77.5%
여자	12.5%	87.5%	30%	70%

이 표로부터 자연스럽게 우리는 전체 심리학 수강생 비율이 남학생보다 여학생이 높을 것이라고 추측하기 쉽다. 남학생 비율과 여학생의 수강 비율이 대학 1, 대학 2에서 모두 높기 때문이다. 즉 여기에서 보는 바와 같이 $10 < 12.5$, $22.5<30$에 해당된다.

그러나 수강인원을 포함한 표가 다음과 같은 경우 우리의 추측이 잘못된 것임을 보여준다.

성별	A대학		B대학		합계	
	수강	수강 않음	수강	수강 않음	수강	수강 않음
남자	100 (10%)	900 (90%)	900 (22.5%)	3100 (77.5%)	1000 (20%)	4000 (80%)
여자	100 (12.5%)	700 (87.5%)	60 (30%)	140 (70%)	160 (16%)	840 (84%)

A대학과 B대학에서 모두 여학생의 수강비율이 모두 높지만 두 대학을 합한 전체 비율에서는 남학생의 비율이 더 높게 나타난다. 어떻게 이런 일이 일어날까?

B대학의 남학생 수는 모두 4000명(B대학 학생의 80%)으로 다른 경우보다 크며 수강비율도 높은 편이다. B대학의 여학생 수는 모두 200명(대학 2 학생의 20%)으로 다른 경우보다 아주 적으며, 이때 수강비율은 30%로 아주 높다. 이러한 관찰이 중요한 이유는 대학생의 성별 비율은 처음 표를 이용하여 계산할 때 가중평균의 역할을 하기 때문이다.

남학생의 수강비율은 $10\times\frac{1000}{5000}+22.5\times\frac{4000}{5000}=20(\%)$인 반면

여학생의 수강비율은 $12.5\times\frac{800}{1000}+30\times\frac{200}{1000}=16(\%)$이다.

위의 보기를 다음과 같이 일반화해서 생각해 보자.

성별	A대학		B대학		합계	
	수강	수강 않음	수강	수강 않음	수강	수강 않음
남자	a	b−a	c	d−c	a+c	b+d=a−c
여자	A	B−A	C	D−C	A+C	B+D=A−C

심슨의 역설은 다음과 같은 상황이 벌어질 수 있음을 의미한다.

$$\frac{a}{b} < \frac{A}{B} \text{ and } \frac{c}{d} < \frac{C}{D}$$

이면서 다음 식이 성립할 수 있다.

$$\frac{a+c}{b+d} > \frac{A+C}{B+D}$$

[네이버 지식백과] 심프슨의 역설 (수학백과, 2015.5)

두 번째 이야기, 동전 앞면이 나올 확률을 풀기 전에 생각할 것들

동전을 하나 던졌다. 앞면이 나올 확률은 얼마인가? 라는 질문에 대부분의 학생들은 두 개 중 하나이기 때문에 50%라고 한다. 어떤 조건이 필요한가? 라는 질문에는 어리둥절해한다. 영어 원문에는 A fair coin is tossed, ... 정상적인 또는 공정한 동전이라는 말이 나온다. 이는 수학적 내용을 언급하기 위해 필요한 전제 조건들에 대한 사항을 분명히 하는 것이다. 그러나 우리나라 학생들 대부분이 문제를 잘 읽지 않는 곧 조건을 잘 따지지 않고 빨리 답을 내고자 하는 그러한 상황을 잘 나타내 주는 하나의 예일 것이다.

이 내용은 여러 문학작품들에서 나타난다. 조건을 따지려해도 따질 수 없는 상황으로 말이다. 옛날 공주가 평민과 사랑에 빠졌지만 왕은 이를 용납하지 못한다. 여러 수학 문제들로 평민을 골탕 먹이지만 실패한 후 공개적으로 죽일 계획으로'두 장의 종이에 하는 ○, 다른 하나에는 ×가 표시되어 있다고 하고, 그 중 ○를 뽑으면 공주와 결혼시켜 주고, ×를 뽑게 되면 사자의 밥이 되게 한다.'라고 운이라는 묘한 상황을 만들어 낸다. 그러나 임금은'종이에 × 표를 2개 모두 표시하고 청년에게 그 중 하나를 뽑아 보이게 하여 죽이는 계획'을 세운다. 2개 모두가 ×표인 상황에서 청년은 자신이 뽑은 것이 ×라 할지라도 나머지 하나를 확인할 방법이 없기에 죽을 수밖에 없는 운명이었다. 그러나 반전이 일어난다. 종이를 뽑자마자 청년은 그 종이를 먹어 버리고 남아 있는 종이를 확인하는 것으로 화를 면한다.

'검은 자갈 흰 자갈'이라는 얘기도 이와 같은 내용이다. 악덕 영주가 매우 고운 처녀를 탐하여 검은 자갈 2개를 가지고 그 중 하나를 뽑아 검은 자갈을 뽑으면 자신에게 시집을 와야 한다고 한다. 물론 흰 자갈 하나와 검은 자갈 하나를 가졌다고 얘기하지만 말이다. 이 처녀는 자갈 하나를 뽑자마자 검은 자갈과 흰 자갈이 함께 있는 자갈더미에 던져서 위기를 모면한다. 2014년도 인기 드라마인 선덕여왕에서 보았듯이, 절도사가 死자 장기 알을 2개 가지고 죽이고 싶은 사람마다 그 중 하나를 뽑게 하여 죽인다. 그러나 덕만이는 이를 알고 하나를 삼켜버려 화를 면한다는 장면 또한 이와 같은 이야기이다.

이와 같이 수학은 조건이 분명하고 공정할 때만 전개되는 합리적 논리를 추구한다. 그러나 우리는 암묵적 가정, 사람을 맹목적으로 신뢰한다는 전제 하에, 주어진 조건을 잘 따지지 않는다. 특히 우리나라 보험약관들이 그러하고 사회의 여러 상황들이 그러하다. 그래서 계약을 할 때 따지지 않고 쉽게 동의하고 사인을 했다가 어떤 문제가 발생되면 그런 방식으로 동의하지 않았다고 뒤늦게 항변하지만 실제 보호를 받기 어려운 일들이 발생하게 된다. 나중에 후회하지 말고 전제 조건들을 잘 따져보고 추론하는 습관을 길들여야 할 것이다.

세 번째 이야기, 낙타 이야기

$$\frac{1}{2}+\frac{1}{3}+\frac{1}{9}=\frac{17}{18}$$

이 수식 하나는 이야기 한 편이다. 이 이야기는 아라비안나이트에 나온다. 어떤 부자 아버지가 죽으면서 세 아들에게 유언을 남긴다. 17마리의 낙타를 큰 아들에게 $\frac{1}{2}$, 둘째에게 $\frac{1}{3}$, 막내에게 $\frac{1}{9}$을 나누어 가지라고 한다. 이들 삼형제는 낙타 17마리를 못 나누고 어찌할 바를 모르는 가운데 현명한 노인 한 명이 나타나 자신의 낙타 한 마리를 보태 각자에게 9마리($\frac{18}{2}$), 6마리($\frac{18}{3}$), 2마리($\frac{18}{9}$)를 나누고 나머지 한 마리는 자기가 가지고 가면서 이 문제를 해결한다.

이 이야기에는 우리가 생각하는 수학적인 사실을 도외시한 맹점이 들어 있다. 아버지가 나누어 주는 유산은 모두 합하여 반드시 1이 된다고 여기는 것이 그 중 하나다. 이 상황은 2, 3, 9로 볼 때 관련이 없어 보이는 17만 보고, 나눌 수 없다고 쉽게 판단하기 때문이다. 그러므로 도저히 불가능하다고 판단된 이 상황은 낙타 한 마리를 매개로 하여 분쟁을 해결하고 아무도 손해를 보는 것 없이 현명하게 문제가 해결된다.

이어서 다음 이야기로 우리들에게 많은 교훈을 주기도 한다.

$\frac{1}{2}+\frac{1}{3}+\frac{1}{6}=\frac{6}{6}$의 경우로, 이야기는 남을 흉내 내기를 좋아하는 사람의 경우에 일어난다. 아버지가 죽으면서 황소 5마리를 남기면서 이야기는 전개된다. 물론 이 아버지는 공정하지 못한 사람이다. 5마리 황소를 두고 큰 아들은 $\frac{1}{2}$, 둘째 아들은 $\frac{1}{3}$, 셋째 아들은 $\frac{1}{6}$을 갖도록 유언하고 죽는다. 이웃집 따라쟁이 아저씨는 용감하게 똑같이 자기 황소 한 마리를 보태 이 문제를 해결하려고 시도했다. 결과는 자신의 황소는 막내에게 준 것이 된다. 궁극적으로는 자신의 황소를 빼앗기게 된다는 사실이다.

그러나 이 아버지는 수학적으로 매우 나쁜 사람이다. 알면서 타인의 것을 빼앗기 때문이다. 수학은 알면서 손해 볼 줄 아는 사람을 만드는 것이지 알기 때문에 모르는 이의 것을 빼앗는 것은 아니다. 그리고 도와주더라도 기본적인 메커니즘에 대한 이해가 충실할 때라는 점도 명심해야 할 것이다.

이 이야기는 타인을 도와주기 위해서는 조건과 추론을 유효적절하게 하고 판단을 잘 해야 함을 알려 준다. 또, 명확한 수학적 아이디어를 구사하면서 지혜를 발휘할 수 있을 때만 가능한 경우임을 알려 준다.

나아가 이러한 이야기 구조로 유사한 상황의 이야기가 전개되도록 하는 분수의 연산을 소개하면 다음과 같다.

$$\frac{1}{2}+\frac{1}{3}+\frac{1}{7}=\frac{41}{42}$$

$$\frac{1}{2}+\frac{1}{3}+\frac{1}{8}=\frac{23}{24}$$

$$\frac{1}{2}+\frac{1}{3}+\frac{1}{10}=\frac{28}{30}=\frac{14}{15}$$

$\frac{1}{2}+\frac{1}{3}+\frac{1}{7}=\frac{41}{42}$의 이야기를 다음과 같이 전개해 보는 것도 가능하다.

옛날 한 마을에 3명의 아들을 두고 화목하게 살고 있던 김생원이 살고 있었다. 이들 3형제와 김생원은 농사를 업으로 하고 있었다. 큰 아들이 막 태어났을 때, 암송아지 한 마리를 사다가 열심히 키워서, 이 소가 어미 소가 되어 송아지를 낳고, 소 2마리를 잘 키워서 소를 점점 늘려 나갔다. 막내 아들이 10살이 되었을 때는 소가 8마리나 되었다. 집이 그리 넓은 편이 아니어서 모두 키우기에는 부족할 뿐만 아니라 농사를 지으면서 소를 먹이기에는 일손이 부족하였다. 이 소 중 새끼를 잘 낳을 3마리를 제외한 5마리 소들을 우시장에 내다 팔고, 염소 20마리를 사다 산에다 방목하여 키우게 되었다.

이렇게 열심히 생활하다가 집안에 일이 필요하거나 돈이 필요하면 염소를 내다 팔기도 가끔은 하였다. 그래서 이들 삼형제는 좋은 옷에다 집안에 필요한 물품은 그 동네에서 넉넉하게 풍족하게 생활 할 수 있었다. 몇 년이 지나 이들 집의 염소는 모두 41마리가 되었다.

그런데 정정하시던 김생원이 갑자기 아프기 시작하였다. 김생원은 아들 삼형제를 불러 모아 놓고서, 각 아들에게 소 1마리씩을 나누어 주고, 염소의 배분은 이렇게 하라고 했다. 어머니는 큰 아들과 함께 살도록 하되 큰 아들은 염소의 $\frac{1}{2}$을, 둘째 아들은 막 장가를 들어

며느리가 아이를 잉태해 있어 $\frac{1}{3}$을 막내는 $\frac{1}{7}$을 가지라고 유언을 하고는 돌아가셨다. 아버지를 잃은 슬픔에 형제들은 넋을 잃고 있다가, 동네 사람들의 도움으로 무사히 장례를 치르게 되었다. 정신을 차린 3형제는 염소들을 어떻게 나누어야 될지 몰라, 고을에서 현명하기로 소문난 최진사에게 이 문제 해결을 부탁하게 되었다.

한참을 고민하던 최진사는 자신이 갖고 있던 염소 1마리를 보태 42마리가 되게 하였다. 42마리중 반인 21마리는 큰 아들에게, 둘째에게는 14마리를 그리고 막내에게는 최진사 소유의 염소를 제외한 나머지 6마리를 나누어 주며,'이렇게 나누면 된다.'라고 형제들에게 얘기했다.

삼형제는 최진사에게 감사하다고 말씀드리고 각자의 염소를 데리고 각자의 집으로 돌아갔다. 집으로 돌아간 형제들은 자기에게 남겨진 소와 염소들을 열심히 키워 삼형제 모두가 그 고을에서 부러워하는 부자가 되어 화목하고 오순도순 우애 있게 살았다.

네 번째 이야기, 자신의 이해로서 수학의 역할

인간에게 있어서 자기 자신을 안다는 것 같이 힘들고 어려운 일은 없다. 어쩌면 삶의 궁극적 목적은 자신을 아는 것일 게다. 우리는 자기 자신을 스스로 인식하고 깨달은 후, 자신을 더욱 가꾸려는 작은 노력과 지혜가 필요하다.

과학이 발달하면서 인간 역시 과학적인 안목으로 세상을 바라본다. 가장 쉽게 접근할 수 있는 것으로는 관찰, 이미 알려져 있는 측정기구의 이용, 각종 도구를 이용한 수량화가 그것이다. 가장 기본적인 것이 이것이라면, 보다 구체적이고 다양한 면은 언어를 활용하여 실감 있게 표현하는 것이다.

우리를 구분 짓는 것들에 대해 알아보자. 남녀노소의 구분, 현재의 위치(직업, 직위, 경제력, 미모 등)에서부터 키, 몸무게, 각종 건강지수(혈액을 통해 본 각종 이상 수치들), 체력지수는 물론 IQ, EQ, SQ(사회성 지수, 성공지수), PQ(정열지수, 개성지수), NQ, DQ, MQ 등 보이지 않는 많은 것들에 대해 구체적으로 볼 수 있도록 인간은 지속적으로 노력하고 있다. 오늘도 지금 어딘가에서는 새로운 ?Q가 만들어지고 의미를 갖도록 할지도 모른다.

나를 특징짓는 여러 가지 사항들

- 나의 유전자 구조 : 나의 유전자 구조는 나의 가족과는 비슷할 수 있겠지만, 나의 유전자 구조와 똑 같은 사람은 이 세상 어디에도 존재하지 않을 것이다.
- 나의 지문 : 나의 지문이 지워진다면 모를까, 나의 지문과 일치하는 일은 아주 극히 드문 일이다.
- 나의 성문 : 나의 목소리 지문 또한 지문과 마찬가지이다.
- 주민등록번호, 학번, 핸드폰 번호, Internet ID, 은행구좌, 맴버십 번호 등

인간은 시간과 더불어 살아가면서, 주어진 시간 내에 공간을 최대한 활용하려는 방향으로 삶을 영위하고 있다. 부모님으로부터 물려받은 유일한 선물이면서 자원인 것은 시간임에 틀림없다. 그래서 우리에게는 시간은 매우 중요한 의미를 가지고 있다. 이러한 시간의 질을 어떻게 밀도 깊게 자신답게 보내느냐는 매우 중요한 문제이다.

시간과 함께 자기 자신을 비교하여 본다면 어떤 것들을 생각해야 하는가? 지금 현재 주어진 시간을 최선을 다해 살고 있는가? 현재는 만족하는가? 미래 준비 정도는? 현재 삶의 스타일은 긍정적이며 만족할 만한가? 등등은 이해의 대상이다.

이러한 일련의 과정에서 수학은 중요한 역할을 한다. 각종 지수에 대한 객관적인 측정 및 판단, 자신의 의사 결정을 하기 위해서 인간은 수학적 사고를 수반하기 마련이다. 타인이 바라보는 나를 제외하더라도 신짜 중요한 자신을 자기 스스로 볼 수 있어야 한다는 점이다.

아울러 인간의 내면, 마음의 세계가 알려지는 만큼 자연의 먼 곳인

우주의 신비가 하나씩 우리에게 다가온다. 또한 우주의 거대한 비밀이 알려지는 만큼 우리 마음의 미시세계도 알려지게 된다. 이는 마치 동전의 이면관계와 같다. 무한대인 우주가 알려지면 그 역수인 무한소 즉 마음이 알려지고, 무한소인 마음의 세계가 알려지는 만큼 그 역수를 취하면 무한대인 우주의 비밀이 드러나게 된다.

가장 중요한 것은 무엇보다도 나만의 고유성과 개성에 있다 할 것이다. 그래서 자신만의 삶을 창조하고 고유한 그러면서 유일무이한 색깔과 향기를 자아내도록 노력하는 것이 최선일 것이다.

제9장

걸리버 여행기, 80일간의 세계 일주의 수학적 탐색

◆ ◆ ◆

이 장에서는 인간을 이해하기 위한 양화 관련 사항을 먼저 언급한다. 양 개념도, 국제표준단위들에 대한 이야기, 기본 단위들을 보조하기 위한 보조단위로 SI단위계의 접두어, 우리나라 접두어들에 대해 알아 본 후, 걸리버 여행기와 80일간의 세계 일주에 대한 수학적 감상을 하고자 한다.

첫 번째 이야기, 인간의 이해 관련 수량화

먼저 다음 그림에서 < 인간의 이해 관련 개념도 >를 살펴보자.

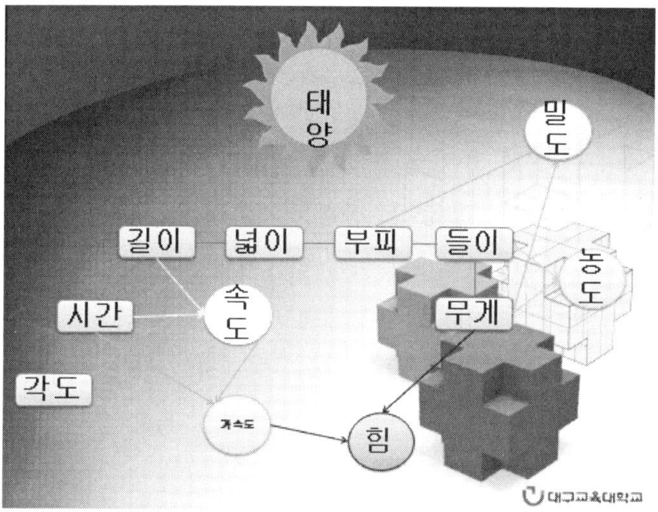

위의 그림은 세상을 양화시키기 위한 관계를 정리한 체계도이다. 자기 자신을 포함한 세상을 수로 나타내기 위해서는 여러 가지 경우를 '크기'라는 관점을 표현하는 용어들을 살펴보아야 한다. 우선 크다, 작다의 대소 관계, 넓고 좁음의 광협, 길고 짧음의 장단, 높고 낮음의 고저, 무겁고 가벼움의 경중, 많고 적음의 다소의 개념들이 그것이다. 이들 개념 중 수에서 이미 크고 작은 것을 경험한 우리들에게는 '크기'라는 관점에서 수로 나타내고 그 속성과 기준에 비추어 그 의미를 이해하게 된다.

우리 인간에게 가장 필요한 것을 3·3·3이라는 법칙에 근거하여 생각해 보자. 3분을 견디기 어려운 것은 공기, 그 중 산소이다. 3분 동안 산소가 공급되지 않으면 인간은 뇌세포부터 손상되기 시작하여 세포들이 모두 제 기능을 상실하여 죽음에 이르게 된다. 두 번째 중요한 것은 물로서 3일 동안 물을 먹지 않으면 인간은 역시 생존하기 어렵다. 3주를 이기기 위해서는 영양공급이 어우러져야 한다, 곧 양식이다. 그래서 인간이 생존하기 위한 환경을 음미해 보면 태양의 빛 에너지를 근간으로 하여, 산소와 물이 순환하도록 환경이 구축되어 있다. 식물의 광합성 작용으로 산소는 지속적으로 공급되며, 물 역시 증발되어 비가 되어 순환함으로써 인간에게 적절하게 공급된다. 물은 특히 고체, 액체, 기체로 온도에 따라 순환되며 지구의 70%가 대양이고 인간의 신체 역시 물이 70%를 차지하고 있다. 이와 같은 인간의 생존을 이해하는 관점에서 수량화의 단위들은 그 기저를 이루고 있다.

이에 기초하여 위의 그림을 간단히 설명해 보자. 인간은 생활해 가기 위해서 가장 중요한 3가지는 빛, 산소, 물이다. 수학에서는 길이, 무게, 시간인 m, k, s라 하는데 이를 살펴보면 다음과 같다. 태양에서 지구까지 빛이 도달하여 모든 생명의 근원을 이룬다. 이것을 적절하게 반영한 것이 길이 개념이며, 최초 지구 자오선 길이의 4천만분의 1을 1m로 정한 것이 나중에 진공상태에서 1/299792458 초 동안 빛이 진행한 경로의 길이를 그것으로 정하였다. 인간은 살아가기 위해 땅이 필요하며, 땅은 넓이라는 개념을 도입하는 계기가 되며, 정사각형으로 땅을 빈틈없이 메울 수 있으며, 정사각형의 가로, 세로 길이를 매개로 넓이 개념을 충분히 설명할 수 있다. 나아가 땅이 있다면 그 위에 집을 짓고 살아야 한다. 마찬가지로 정육면체를 공간을 빈틈없이 메우어 구 할 수 있다. 길이 측면인 가로, 세로, 높이를 매개로 말이다. 부피와 동일한 개념이지만 고체가 아닌 특별히 액체에 해당되는 것을 들이(1L=1000㎤) 개념이 된다고 말한다. 이들 3가지 넓이, 부피, 들이는 길이를 적절히 활용하면 그 양을 수치로 가능하다. 그래서 이들은 유도단위에 해당된다.

다음으로 인간은 살아가기 위해 물이 필요한데, 이 물을 먹기 위해 들어 마셔야 하는데 이 때 무게라는 양이 도입된다. 물이 가장 변하지 않는 상태가 1기압 하에서 최대밀도(3.98℃)인 순수한 물 1L의 질량을 1kg라 한다. 다음으로 산소는 세포 단위에서 요구되는데 이는 산소를 폐로 받아들여 헤모글로빈 상태로 만들어 심장에 의해 펌퍼질로 인해 각 기관에 전달된다. 이 심장 박동 사이에 걸리는 간격을 시간이라 하고, 약 1초에 해당한다. 1초는 평균태양일의 86400분의 1을 진자가 1회 흔들리는데 필요한 시간에서 더 정확한 값으로 Cesium133원자가 기저상태에 있는 두 초미세준위 사이의 전이에 대응되는 전자파로 정한다.

이들 단위 중 길이가 가장 중심에 있는데, 눈으로 볼 수 있는 양이다. 무게는 보이지 않는 속성이지만 저울이라는 계측기를 통하여 길이로 환산하여 나타내며, 시간 또한 시각을 나타내는 시계를 통해 볼 수 있다. 시계인 경우 시침과 분침의 사이 간격을 나타낸 것이 각도에 해당된다. 물론 각도는 직각을 이루는 것을 90등분한 것 중 하나에 해당하는 것을 1도라 한다.

위의 도표에서 보는 바와 같이 길이, 넓이, 부피, 들이, 무게, 시간, 각도는 동일 속성으로 단위만 같다면 곧바로 가감승산이 가능하여 외연량이라 한다. 그러나 기본 속성이 다른 단위들끼리 조합하여 새로운 단위계를 만든다. 길이와 시간이 결합하여 속도, 속도와 시간이 결합하여 가속도, 무게와 부피가 결합하여 밀도, 들이와 무게가 결합하여 농도를 형성하며, 가속도와 무게가 만나 힘의 개념을 형성한다. 이는 기본 정의에 입각하여 연산이 가능하므로 외연량과 대비하여 내포량이라 한다.

모든 에너지는 빛 에너지를 변환하여 사용한다. 빛을 받으면 열이 발생하면 열에너지, 물은 높은 곳에서 아래로 흘러 위치에너지가 다른 운동에너지로 변환되어 전기에너지로 변환될 수 있다. 이러한 관계로 우라늄, 플로투늄 등과 같은 방사성 물질은 매우 빠른 속도와 함께 소량의 질량을 잃어버리면서 강력한 열에너지를 발생시킨다. 이는 상대성 원리의 근간이 되며 원자력 발전의 원리가 된다. 그래서 위의 개념도는 뉴턴의 장을 설명하는 것이 되며, 아인슈타인이 뉴턴의 어깨에 올라서서 상대성 원리를 발견하는 계기를 마련했다고 상상할 수도 있다.

이 외에도 과학의 4영역에 기본 단위가 하나씩 존재한다. 물리 영역에서는 중력의 장을 떠나면 전자기장을 만나게 되는데 전류의 양을 나타내는 A(암페어)가 그것이다. 화학은 분자 단위에서의 용량을 나타내는 mol이, 생물에서는 성장하기 위해 적절한 온기가 필요한데 이 경우 절대온도(K), 지구과학에서는 광물의 세기인 광도(cd)가 그것들이다.

나머지 단위들은 필요한 상황에서 이들 기본단위들 적절하게 결합하거나 변형하여 사용하게 된다. 결국 눈으로 보이는 또는 보이지 않는 중요한 것들은 이와 같은 과정을 거쳐 양화시킨다. 근대과학은 모든 물건이나 대상은 수로 나타낼 수 있다는 것을 의미한다.

위와 같은 방식으로 물질세계에 대한 수량화를 통해 이해가 되었다면, 이것들 외에 인간의 내면을 측정하기 위해, 곧 인간 심리, 능력 등은 적절한 검사지를 통하여 인간이 반응하는 것을 기저로 하여 수량화 하게 된다. 그것들은 IQ, EQ, MQ, SQ 등을 포함하며 AQ에서 ZQ까지 인터넷에서 찾아 볼 수 있다. 나아가 날씨와 관련된 각종 지수 등 또한 수량화에 포함된다고 볼 수 있다.

이 이론을 바탕으로 우리 자신을 수량으로 나타낼 수 있는 것들에 대해 상세하게 한 번 알아보자. 궁극적으로 이것들은 인간을 이해하기 위한 근간을 이룸에 대해 이해해야 한다. 그러나 위에 언급되지 않은 사항들이 있다. 그것은 단순하게 '같다와 다르다'의 인식으로 가능한 분류의 명명형 자료(남과 여의 분류인 성별 등), 간단하게 나쁘다, 보통이다, 좋다 등으로 나타내는 서열형 자료이다. 이 두 자료인 경우 질적 자료라고 일컫는다. 양적 자료로는 간격이 같으면서 상대원점으로 차이를 나타내는 등간자료(internal data), 절대원점으로부터 차이를 나타내는 비율자료(ratio data)가 그것이다.

즉 인간을 잘 이해하는 것은 어떤 준거에 근거하여 분류를 잘 하고, 적절한 상황에서 양으로 나타내고 그 양의 의미를 구체적인 상황에서 이해하고 활용하는 능력이라 할 수 있다. 향후 우리 인간에게 구체적으로 필요한 사항들을 잘 집적하여 그것을 수로 나타내고 그것의 활용을 극대화할 방안들을 연구하면 새로운 영역을 개척한 선도자가 될 것이다.

두 번째 이야기, 단위계에 대한 이해의 기저

좀 더 구체적으로 최근 재정립된 독립단위계를 살펴보면 다음과 같다.

물리량과 단위계

국제단위계 SI(The International System of Units)는 이전의 미터법(metric system)을 개선한 단위계이다. 미터법의 유래는 16세기에 시작되었지만, 직접적 기원은 프랑스의 파리과학아카데미가 1790년 제정한 단위계에서 그 기원을 찾을 수 있다. 이후 미터법은 여러 차례의 변화를 겪으면서 발전해 왔고, 1960년의 국제도량형총회에서 미터법을 'SI'로 대체하였다. 현재 사용되고 있는 7개의 기본 단위는 다음과 같다.

물리량	단위	기호	각 물리량 1단위의 정의
길이	meter	m	빛이 진공 중에서 299,792,458분의 1초 동안 가는 거리(1983년)
질량	kilogram	kg	1889년 제작된 킬로그램 원기의 질량 (3.98°C의 순수한 물 1L의 1기압 상태에서의 질량) ※ 2018년 플랑크 상수로 변경
시간	sccond	s	원자량이 133인 세슘(Cs) 원자의 기저상태에 있는 2개의 초미세에너지준위 사이의 전이에서 나오는 전자기파가 9,192,631,770번 진동하는 데 걸리는 시간(1967년)

물리량	단위	기호	각 물리량 1단위의 정의
전류	ampere	A	단면적이 0에 가깝고 길이가 무한대인 두 개의 직선 도체가 진공 중에서 1미터 간격으로 떨어져 있을 때, 이 도체의 길이 1미터 당 1천만 분의 2뉴턴의 힘이 발생하게 하는 양의 전류(1946년) ※ 2018년 기본전하로 변경
온도	kelvin	K	물의 삼중점 온도의 273.16분의 1 (1967년) ※ 2018년 볼츠만 상수로 대체
물질량	mole	mol	원자량이 12인 탄소 0.012킬로그램이 들어 있는 탄소 원자의 수(1971년) ※ 2018년 아보가드로 상수의 활용으로 대체
광도	candela	cd	1제곱미터 당 101.325뉴턴의 압력을 받는 백금의 어는 점과 같은 온도에 있는 흑체의 표면 60만 분의 1제곱미터가 그 면에 수직 방향으로 발산하는 광도(1967년) ※1979년 파장 555nm의 녹생광의 특정 방향 복사도로 변경

이 7개의 기본 단위계는 잡다한 여러 가지 대상, 개념, 현상 등을 가장 기본적인 것들의 다양한 조합 형태로 보려는 자세는 인간의 본성이라 할 만큼 모든 학문의 뿌리에 깊이 스며들어 있다. 그런 의미에서 각 기본단위들의 정의에 대한 핵심 아이디어만은 가능한 정확하게 이해하도록 하자.

이 중 가장 기본 중에 기본인 m를 살펴보자. 길이의 정의를 구체적으로 살펴보자. 우리 인간이 있게 한 가장 근원적인 태양과 관련지어 빛의 속도를 이용하고 있다는 점이다. 길이의 정의에 따라 광속도 299,792.458m/s로 정의되었다는 점을 유념하자. 아인슈타인의 특수상대성이론에 따르면 진공에서 광속은 일정불변인데, 이처럼 광속을 수치적으로 확정함에 따라 특수상대성원리는 이론적으로뿐만 아니라 제도적으로도 공인되었다고 하겠다. 진공 중에서 광속은 일정할 뿐만 아니라 모든 물체가 도달할 수 있는 최고속도의 궁극적 한계이기도 하다. 곧 어떤 물체든 진공 중의 광속을 초월할 수 없다는 것이 특수상대성이론의 또 다른 중요한 결론이다.

질량은 1889년 제작된 킬로그램(Kg) 원기의 질량으로 정의되지만 인간의 생존에 가장 중요한 물을 매개로 만들어졌고, 또한 물의 가장 중요한 성질들을 이해하는 근간이 되기 때문이다.

생물 영역에 주로 사용되는 온도의 일상적 단위인 섭씨와 화씨는 각각 °C와 °F로 쓴다. 그러나 절대온도는 그냥 K로만 쓴다. 이는 물이 존재하는 액체, 고체, 기체 즉 물과 얼음과 수증기가 평형을 이루어 함께 존재하는 물의 삼중점(triple point) 온도는 일정불변인데, 섭씨로 0.01°C이므로 절대온도의 기준점인 '절대영도'는 −273.15°C이다. 열역학 제3법칙에 따르면 절대영도보다 낮은 온도는 없고, 절대영도에 도달하는 것도 불가능하다.

한편 기본단위 7개(m, kg(키블 저울)), s, A, mol, K(물리 상수를 이용 재정의), cd(칸델라)를 근간으로 이들을 상황에 맞게 적절하게 결합하여 유도단위 22개가 현재 사용되고 있다.

(관련 자료는 웹사이트 http://www.kriss.re.kr 참조)

세 번째 이야기, SI단위계의 접두어와 우리나라 접두어

우리 인간은 세 자리 수 정도에 대한 이해는 직관적으로 하게 되는 능력을 가졌다. 그러나 네 자리 이상이 되거나 매우 작은 수에 대한 이해를 하기 위해 보조 단위를 도입하여 활용하는데 이는 다음과 같다. 앞선 단위의 1000배에 해당되면 또 다른 단위를 도입하여 활용하여 직관력을 높이고자 한다. SI단위계의 접두어는 10^3체계를 따르는 대신, 우리나라 접두어는 10^4 체계를 따르는 차이가 있다.

SI단위계의 접두어

	접두어	기호	한글명칭	10진수표현
10^{24}	요타(yotta)	Y	자	1,000,000,000,000,000,000,000,000
10^{21}	제타(zetta)	Z	십해	1,000,000,000,000,000,000,000
10^{18}	엑사(exa)	E	백경	1,000,000,000,000,000,000
10^{15}	페타(peta)	P	천조	1,000,000,000,000,000
10^{12}	테라(tera)	T	조	1,000,000,000,000
10^{9}	기가(giga)	G	십억	1,000,000,000
10^{6}	메가(mega)	M	백만	1,000,000
10^{3}	킬로(kilo)	K	천	1000
10^{2}	핵토(hecto)	h	백	100
10^{1}	데카(deca)	da	십	10
10^{0}	없음	없음	일	1

	접두어	기호	한글명칭	10진수표현
10^{-1}	데시(deci)	d	십분의 일	0.1
10^{-2}	센티(centi)	c	백분의 일	0.01
10^{-3}	밀리(mili)	m	천분의 일	0.001
10^{-6}	마이크로(micro)	μ	백만분의 일	0.000001
10^{-9}	나노(nano)	n	십억분의 일	0.000000001
10^{-12}	피코(pico)	p	일조분의 일	0.000000000001
10^{-15}	펨토(femto)	f	천조분의 일	0.000000000000001
10^{-18}	아토(atto)	a	백경분의 일	0.000000000000000001
10^{-21}	젭토(zepto)	z	십해분의 일	0.000000000000000000001
10^{-24}	욕토(tocto)	y	일자분의 일	0.000000000000000000000001

우리나라 접두어

10^n	단위명칭	한자	10^n	단위명칭	한자
10^{68}	무량수	無量數 무량수	10^{-1}	분	分 분
10^{64}	불가사의	不可思議 불가사의	10^{-2}	리	厘 리
10^{60}	나유타	那油他 나유타	10^{-3}	모	毛 모
10^{56}	아승기	阿僧祇 아승기	10^{-4}	사	糸 사
10^{52}	항하사	恒河沙 항하사	10^{-5}	홀	忽 홀
10^{48}	극	極 극	10^{-6}	미	微 미
10^{44}	재	載 재	10^{-7}	섬	纖 섬

10^n	단위명칭	한자	10^n	단위명칭	한자
10^{40}	정	正(정)	10^{-8}	사	沙(사)
10^{36}	간	澗(간)	10^{-9}	진	塵(진)
10^{32}	구	溝(구)	10^{-10}	애	埃(애)
10^{28}	양	穰(양)	10^{-11}	묘	渺(묘)
10^{24}	자	仔(자)	10^{-12}	막	莫(막)
10^{20}	해	垓(해)	10^{-13}	모호	模糊(모호)
10^{16}	경	京(경)	10^{-14}	준순	浚巡(준순)
10^{12}	조	兆(조)	10^{-15}	수유	須臾(수유)
10^8	억	億(억)	10^{-16}	순식	瞬息(순식)
10^4	만	萬(만)	10^{-17}	탄지	彈指(탄지)
10^3	천	千(천)	10^{-18}	찰나	刹那(찰나)
10^2	백	百(백)	10^{-19}	육덕	六德(육덕)
10^1	십	拾(십) 또는 十(십)	10^{-20}	공허	空虛(공허)
10^0	일	一(일) 또는 壹(일)	10^{-21}	청정	淸淨(청정)

네 번째 이야기, 걸리버 여행기와 80일간의 세계일주의 수학적 해부

앞서 언급한 개념도를 중심으로 한, 작품으로 걸리버 여행기와 80일간의 세계 일주를 수학적으로 해부해 보면 다음과 같다.

걸리버 여행기

우선 양을 관련시켜 보자. 길이를 매개로 넓이, 부피, 들이라는 개념이 자연스럽게 연결된다. 그리고 같은 몸이라면 무게와 힘도 자연스럽게 관련시킬 수 있다. 1차 양의 개념인 길이가 변하면 넓이는 주어진 길이의 제곱으로 표현되고, 나머지 부피, 들이, 무게, 힘은 주어진 길이의 세제곱으로 계산하여 그에 대응되는 양을 구하여 표현될 수 있다. 인간에게 넓이라는 개념은 옷으로서 겉넓이를 사용한다. 그리고 부피는 집, 들이는 음식과 물의 섭취, 오줌과 같은 배설, 무게는 우리의 몸무게, 몸을 실어 타지역으로 가는 운송수단, 즉 이동 등에 활용되고, 힘 역시 자연스럽게 연결시킬 수 있다. 이러한 개념간 관계를 이용하여 문학적으로 표현한 소설은 우리가 익히 알고 있는 걸리버 여행기의 소인국 나라 여행이다.

만일 주인공은 가만히 있는데, 주위 세상 모든 것이 단순한 길이로 표현하여 $\frac{1}{12}$로 축소된다면 그 세상에서 주인공은 어떤 관계적인 삶을 유지하고 살 수 있을까?의 수학적 이야기를 흥미와 긴장 요소를 가미하여 만든 이야기로 재해석할 수 있다. 입는 옷은 그 나라 사람들의 144배에 해당되어 옷감의 준비, 옷을 만드는 과정을 설명하면 된다. 먹는 문제는 부피에 해당되므로 1728배이다. 그 나라의 1인분을 고려한다면 걸리버에게는 1728배 만큼의 식사를 준비하고 서빙해야 한다. 걸리버를 옮기기 위해 1728배를 고려한 말 1500필, 만일 걸리버가 오줌을 누게 된다면 1728배, 힘도 1728배 이를 적절한 상황에서 전개시킨 것이 그 이야기로 대비시킬 수 있지 않을까 한다.

인간은 변화를 두려워하고 회피하려 한다. 걸리버 여행기는 전혀 예측하지 못한 세계에서 직면하는 한 인간인 걸리버가 그 세상에 적응하는 수학적 이야기로 해석 할 수 있다. 앞서 언급한 바와 같이 자신이 우월한 지위에 놓이게 될 때의 상황에서 인간이 겪는 갈등과 그 문제 해결이 주어졌다면, 반대로 갑자기 지극히 열등한 존재가 되었을 때 기분과 주변을 활용해야 하는 이야기는 '거인국' 이야기일 것이다. 나아가 인간의 모습이나 언어 등이 전혀 다른 세상은 말의 세상에서 겪는 이야기가 된다.

지금 세계는 새로운 변화의 시대이다. 지금 50대의 사람들은 대개 농업본위 사회(초·중등 까지), 산업자본사회(고·대학교)를 거쳐 정보화 세계화라는 거대한 변화를 몸소 체험하고 있다. 이 사회적 변화에 적응하기가 매우 어렵다. 단순하고 물리적 세계의 변화를 걸리버가 겪었다면, 지금 우리는 정신적 세계의 변화를 심하게 겪고 있다. 이러한 세상에 살고 있는 우리가 이 사회에서 적절하게 적응하고 살아가기 위해서는 어떻게 하는 것이 삶의 지혜를 발휘하는 것일까? 이러한 삶의 현장에서 수학은 어떤 역할을 구체적으로 실행해야 하는가?

하는 문제가 남는다. 문제를 제기하는 것, 문제를 인식하는 문제, 그것을 제한된 자원(시간, 돈, 인력, 정보 등)을 적극적으로 활용할 수 있는 수학적 문제로 번안하는 능력, 만들어진 수학문제를 해결하고 그것을 기초로 원래 인간 자신에게 주어진 문제를 효과적으로 해결하는 등의 전반적인 능력이 강력히 요구된다고 볼 수 있다.

미래에는 과연 어떤 수학적 능력이 요구될까? 문제제기 능력이 최우선시 될 것은 자명한 일이며, 세상을 수학적으로 읽어 내고 예측할 수 있는 능력, 상대방이 가진 조건을 제대로 읽어 내어 대처할 수 있는 능력, 공감능력, 공통화 되기 위한 의사소통 능력 등이 제대로 갖추어지고 시나브로 적재적소에서 활용할 수 있어야 할 것이다.

이러한 가운데에서도 자신 고유의 가치를 보존하고 높일 수 있는 방안, 즉 자신만의 개성을 추구하여 희소성인 자신만의 고유영역을 공고히 구축하는 것 역시 필요하다고 할 것이다.

80일간의 세계 일주

'80일간의 세계 일주'는 영국인들이 알고 있는 그 당시 세계가 '길이'라는 양에 해당되고, '시간'으로서 80일이 주어져 내기를 한다. 내기는 서로 이기려고 하는 경쟁을 수반한다. 그러므로 손쉽게 경쟁자가 성공하도록 그냥 두지 않고 가능한 방법을 동원해 시간을 지연시키고 상황을 어렵게 함으로써 방해한다. 그리고 주인공은 이러한 장애를 돌파하여 성공하려 한다. 인도는 소설을 쓸 당시 실질적인 영국의 지배로 잘 알려져 있는 것으로 여겨진다. 그러나 일본이나 중국 등은 비교적 덜 알려져 있다. 그리고 오늘날처럼 시간이 보편적인 것으로 알려지기보다, 해가 뜨고 지는 것을 기준으로 하루가 매겨져 있는 듯하다. 동쪽으로 여행했기에 하루를 벌게 되는 것으로 미루어서 말이다. 돈을 매개로 가능한 운송수단들을 동원하고 필요한 인부를 고용하는 등의 부분적인 수학이야기가 펼쳐지는 것으로 해석할 수 있다.

오늘날은 항공기를 중심으로 세계여행을 계획할 수 있다. 인터넷을 활용해서 잘 짜여진 계획을 하고 실제로 행할 수 있는 여건이 주어졌다. 오늘날 이와 같은 세계 일주를 한다면 어떤 모습이 될까? 그리고 이러한 세계여행을 하기 위해서 기본적으로 필요한 능력은 과연 무엇일까? 이러한 경우 수학은 진정 어떠한 기능을 할까?

컴퓨터가 기반이 된 사회, 신뢰가 기초가 되어 있어 가능한 사회를 구성하고 우리 모두 세계와 함께 살고 있다. 만일 물리적 힘의 원천인 전기가 무용지물이 된 사회, 신뢰가 무너진 사회가 도래한다고 가정한다면. 지금까지 풍부하고 자유롭고 신뢰로운 사회에 살던 우리 인간이 이것이 무너진 그러한 사회에서의 삶은 과연 어떠한 모습이 될까? 이에 대한 가상 이야기를 전개해보면 어떤 이야기, 삶의 군상이 도래할까?

제2부

문학이 수학에게 (하는 이야기)

01

평균의 종말

- 평균적인 삶은 유령의 삶이다 -

학교 제도 속의 '문제아'였던 토드 로즈는, 탄탄한 과학적 이론을 통해 그 같은 '평균'이라는 기준 자체가 잘못된 허상에서 비롯되었음을 지적한다. 그리고 학교를 지배하는 '평균주의'의 함정에서 벗어나 아이들 각자를 창조적 인재로 키울 수 있도록, 혁신적인 교육법과 평가법을 제안한다. 시대가 바뀌면 교육도 바뀌어야 한다. 4차산업혁명 시대가 되면서 창조적 인재가 필요한 지금, 창의성을 죽이는 주입식 교육도, 재능을 평가하는 방법도 달라져야 한다. 그 시작은 이제껏 교육을 속여 온, '평균'이라는 허상을 깨부수는 일, 그것이다.

곧 삶을 이해하는 하나의 방식으로 활용하는 자료(data), 관점 또는 변수, 그러한 변수들의 특성치로 활용하는 평균의 의미 및 철학에 대한 재고를 강력히 요구한다고 여겨진다. 나아가 평균적인 삶이란 실질적으로는 존재하지 않는 것으로서 곧 유령의 삶과 같아짐을 의미한다는 사실도 명심해야 할 것이다. 그러한 사례를 살펴보자.

1940년대 말, 공군에서 전투기가 추락하는 사고가 잇달아 일어나서 파일럿의 체격과 전투기 내부의 크기를 맞추어 보다 정교한 비행을 할 수 있도록 하여 이를 해결하고자 했다. 이 때 4000명 이상의 조종사들을 대상으로 엄지손가락 길이, 가랑이 높이, 조종사의 눈과 귀 사이 등 140가지 항목의 치수를 측정한 뒤 항목별 평균 치수를 산출했다.

그런데 놀랍게도 조종사 4,063명 가운데 10개의 대표항목에서 모두 평균치에 해당하는 사람이 단 한명도 없었다. 어떤 조종사는 팔은 길지만 다리는 짧고 어떤 조종사는 가슴둘레는 평균보다 크지만 엉덩이 둘레는 좁았다. 더욱 놀라운 사실은 항목을 단 3개로 한정하더라도 3개 항목 모두에서 평균에 들어가는 사람은 전체의 3.5%도 안 되었다는 것이다.

완전히 평균적인 인간은 없다. 이 예로 책에선 노르마 조각상을 제시한다. 노르마는 미국 여성의 평균적인 신체 치수를 바탕으로 만든 조각상이다. 그렇다면 노르마 조각상과 완벽히 닮은 미국 여인은 얼마나 있을까? 15개의 항목 중 노르마와 한 개가 닮은 사람은 5%밖에 없었다. 15개 모두 닮은 여인은 한 명도 없었다. 즉 평균적인 인간은 존재하지 않는다.

평균적인 인간이 존재하지 않는다고 딱히 내 삶에 영향을 주지 않을 것이다. 그리고 사람들과 사회는 여전히 평균에 미치는지 못 미치는지 물어볼 것이다. 그래도 평균적인 인간이 존재하지 않는다는 걸 알기에 평균이 낮다고 좌절하기보다는 자기가 잘하는 국어, 사회, 영어가 있다는 걸 알 수 있다. 그리고 적정 나이에 졸업, 취업, 연애해야 하는 평균적인 인간상에서 벗어나 내 상황에 맞춰서 자기 삶을 살아갈 수 있다.

이와 같이 우리 곁에서 주요한 바로미터 역할을 한 평균 개념에 대한 비판은 우리 역사상 오랫동안 당연시 되어 왔던 문제들에 때때로 물음표를 달아 볼 필요가 있다는 것을 보여주는 것이다. 우리가 강조하는 '열심히'의 삶의 방식은 평균으로 수렴이다. 이는 잘하는 것으로 잘 살아 보는 것의 중요성인 곧 개인의 장점 강화가 아닌 단점 보완에 치우쳐 이 세상을 올바르게 살아가는 동력을 잃어버리게 할지도 모른다.

평균개념의 이해 기초

평균개념에 대해 살펴보는 기회를 가져보자.

어린 학습자들이 동물의 키를 조사하기 위해 동물원에 갔다. 그리고 사람의 키는 얼마일까? 라는 의구심을 가지고 교실로 돌아왔다. 학습자들은 기차블록을 사용하여 카페트에 누워 각자의 키 만큼 블록들을 잇고, 이은 블록들의 아래 하단을 가지런히 놓은 다음(모든 학생들의 키의 기준을 같도록 평등하게 함), 상단의 높이를 같게 만든(균일하게 한다; 대푯값 생성, 단순화 등) 것을 읽게 된다. 즉 이렇게 해서 만든 수치는 여러 가지의 경우를 대표하는 값으로서 그리고 모든 자료들을 동등하게 취급하고 균일하게 만드는 원리를 이해하는 것이 된다. 즉 시각화를 통한 평균의 의미를 완전 이해할 수 있는 기회를 제공한다 할 수 있다.

간단히 예를 들어 설명한다면 다음과 같다.

만일 10명의 학생의 키를 나타내는 기차블록이 각각 20, 16, 24, 16, 25, 18, 20, 14, 21, 26개로 나타나 있다. 이 기차블록을 그대로 사용하여 아래를 가지런히 하고 위 막대도 같게 나타내면 된다. 자료를 살펴보면 26, 25, 24가 높고 14, 16, 16이 낮음을 알 수 있다. 그래서 가장 큰 26개 중 6개를 떼 내어 14개에 준다. 또한 25, 24개에서 각각 4개를 떼어 16에 각각 4개씩 주고 나면 비슷하게 됨을 알 수 있다. 이제 자료는 20, 20, 20, 20, 21, 18, 20, 20, 21, 20이 된다. 이제 21, 두 개에서 각각 1씩 떼어 18에 붙이면 같아진다. 그러므로 '20'이라고 하면 된다. 이 그림은 평균의 의미를 정확하게 이해하도록 해 준다. 왜냐하면 아래가 일치하는 것은 동등하게 취급한다는 평

등의 의미이며, 위를 같도록 하기 위해서는 균일하게 만든다는 뜻이므로 이 둘의 의미의 합성이 평균이 됨을 이해할 수 있다. 시각적인 표현과 활동이 이루어졌기 때문에 '10명 중 한 학생이 없었다면 키에는 어떤 영향을 미칠까?' 라는 질문에도 자연스럽게 응답할 수 있을 것이다. 왜냐하면 '20'보다 위에 있던 자료는 다른 곳을 채워주어 전체를 높인 반면에, '20' 아래의 수는 다른 수를 받아 낮아지는 역할을 함을 알 수 있기 때문이다. 이는 차후 산포도를 이해하는 사고의 바탕이 된다.

위의 아이디어를 그림으로 제시하면 다음과 같다. 우선 20개의 자료를 아래 선에 맞추어 제시하는 것은 평(平)등하게 자료를 취급한다는 의미를 나타낸다.

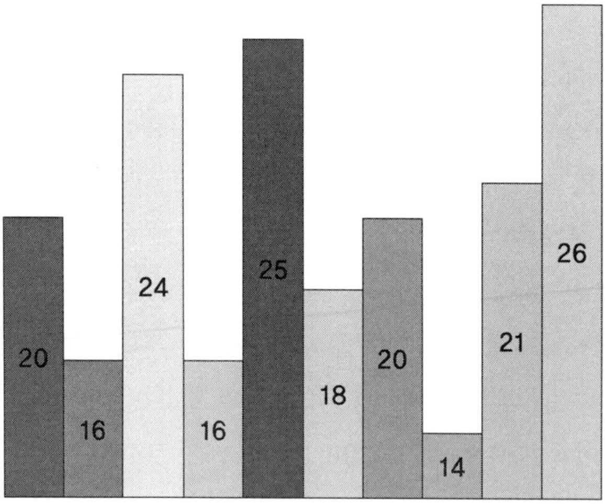

위의 자료를 많은 것은 줄이고 적은 것은 채워 윗면이 같도록 만든 것이 평균의 개념에 대한 시각적 표현으로 다음과 같이 변하게

된다. 편차의 합이 왜 0이 되는지 쉽게 알 수 있게 해 준다.

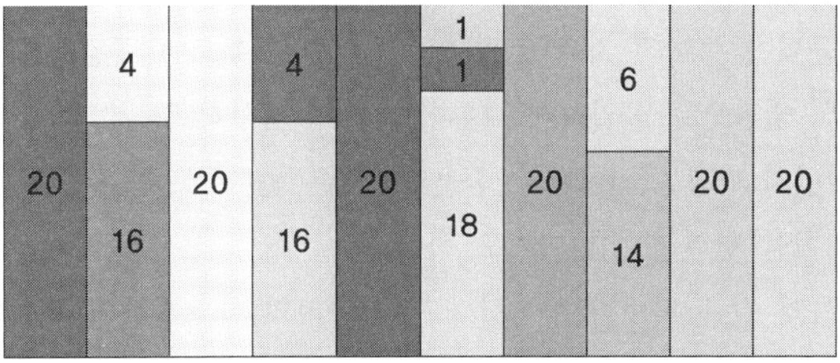

만약 한 반 학생들의 키의 평균을 구하려면, 알고리듬 및 결과 중심적인 경향으로 인해 모든 키의 수치를 더해서 단순하게 나눈다는 공식을 외워 문제를 푸는 것이 대체적인 현상이다. 그러나 이와 같이 시각화를 통한 그래프적 접근은 매우 많은 시사점을 제공한다. 또한 위의 경우는 보편단위를 사용하기 전의 임의단위를 사용하는 적절한 사례도 된다. 먼저 모든 자료를 모두 공평하게 사용한다는 것, 그리고 균일하게 만들기 위해서는 적절한 어림들을 생각하는 수감각도 필요함을 익히게 된다.

평균적 삶은 유령의 삶

평균이란 주어진 자료의 평등성에 기반을 두고 대푯값을 구하는 방법의 일환으로 균일하게 나누어 하나의 특성치(중심 값)를 구해 내는 일련의 과정을 의미한다. 곧 낮은 곳은 높여주고 높은 곳은 낮추는 역할을 한다는 의미이기도 하다.

다음과 같은 자료가 주어졌다. 우리나라의 학교에서 많이 사용되는 자신의 성적에 대한 대푯값을 구하시오.

국어	수학	사회	과학	영어
80	90	85	85	85

이 5개 교과목에 대한 대푯값으로 대개 산술평균을 이야기 한다. 그래서 85점이라는 짐수를 말한다. 그렇다면 '어떤 교과목을 중점으로 학습해야 하는가?'라는 질문을 한다면 대개 국어라고 답하기 마련이다. 이 경우 평균의 역할은 국어라는 능력의 단점보완에 치중한다는 것이다. 그러면 수학이라는 장점능력은 사라지고 제 역할을 수행하지 못한다.

여기에서 초등학교 교실에서 일어난 에피소드를 하나 소개하자. 신체검사를 실시한 어느 날, 그 검사결과를 기초로 수학문제를 만들어 보라고 했을 때, 어떤 한 학생이 "내 키는 128cm, 몸무게는 27.8kg, 시력은 1.5, 이 세 수를 모두 더하면 얼마인가?"라고 발표했다. 이 이야기를 들은 대부분의 대학생들은 그 학생이 한심하다는 듯 맘껏 웃었다.

위의 상황에 대해 분석해 보자. 시험 점수라는 결과로 만들어진 수를 사용했지만 이는 다른 검사 도구를 통한 개별적 변수들이다. 특정 변수에 여러 경우의 대푯값을 구하는 문제는 아니다. 그런데 이를 간과하고 수치(점수)라면 어련히 더할 수 있다는 암묵적인 가정을 가지고 계산부터 한 경우이다. 앞서 길이와 무게, 시력을 더할 수 없다고 여긴다면 수학점수와 국어점수를 더한다는 사실에 대한 점검 및 상황에 대한 진단이 요구된다. 그리고 이 자료를 근간으로 한 인간의 소개를 한다면 당연히 장점이나 강점을 내세우기 마련일 것이다. 곧 수학을 잘 하고 즐기기 때문에 그것 중심으로 소개하기 마련이다.

이러한 의미에서 확대해 본다면 초등학교 저학년 때부터 맹목적인 계산 중심의 덧셈에 대한 상황인식에 대해 재고하고 비판해 봐야 한다. 그리고 비교를 위한 일시적인 자료로 활용하여 만든 정보로서만 활용하되 매우 신중을 기해야 한다는 점을 명심해야 한다.

현재 4차 산업혁명의 시기에 적합한 인재상은 자신이 하고 싶으면서 잘할 수 있는 것을 제대로 해내는 것이다. 그렇기에 단점보완에 치중해 자신의 장점이 사라지게 하는 교각살우의 우를 범하지 말아야 하겠다.

마지막으로 평균의 성질로는 모든 자료를 골고루 사용한다는 점, 편차의 합은 모두 0라는 점, 수학적으로 좋은 성질을 갖는 추정치라는 점이다. 그러나 이상치(특이하게 매우 적거나 매우 큰 경우)에 영향을 받는다는 점, 원 자료에는 없는 값이 평균이 될 수 있다는 점 등을 주의점으로 들 수 있다.

마지막 언급한 내용으로 미루어 볼 때, '평균적으로 살아라. 모나지 말고'라는 의미는 곧 존재하지도 않는 그러한 유령의 삶을 강요하는 것일지도 모른다. 그리고, 평균이 오용될 때 가치관의 혼란이

올 수도 있음도 명심해야 할 사항이다. 즉, 주어진 상황에 따라 구하는 대푯값으로는 평균, 중앙치, 최빈값, 절단평균, 이동평균, 가중평균, 조화평균 등이 있으며 그 특성 및 유의점도 함께 고민하며 사용해야 할 것이다.

- 평균(mean) : 대표값 중 중심치로 가장 많이 사용하는 통계량이다. 자료를 모두 더하여 자료 수로 나누어 사용한다. 모든 자료를 사용하며, 편차는 모든 경우 '0'에 해당된다. 특이한 값인 이상치(outlier)에 영향을 받으므로 자료에 대한 사전 검토가 요망된다.

- 중앙치(median) : 자료를 크기 순으로 나열했을 때 중간에 위치한 값으로, 자료가 홀수 개일 때는 가운데 값을, 짝수일 경우 중간의 두 자료의 평균으로 사용한다. 쉽게 구할 수 있는 반면에 한 자료, 또는 2개 자료만 사용되며, 자료의 퍼짐은 알 수 없다.

- 최빈값(mode) : 가장 흔한 것이 대푯값이라는 의미로 사용되며, 선거에서 대표를 뽑는 것으로 가장 많이 표를 득표한 사람을 대표로 정하는 방법이 이에 해당된다.

- 절단평균 : 자료의 중심으로부터 멀리 떨어진 자료는 생략하고

02

세상을 움직이는 수학

수학은 일종의 문화유산이며 문명을 확장하는 도구로 사용되어 왔다. 이집트와 바빌로니아, 중국, 인도에서 태동하고 그리스에서 꽃을 피워 최근 200여년 동안 눈부신 발전을 거듭하였다. 만물은 수로 구성되었다고 믿은 피타고라스, 공리·공준·정리를 근거로 연역추론 체계를 완성한 유클리드 기하학, 이 중 제5공준인 평행선 공준은 다른 시각으로 보면 Hilbert의 비유클리드 기하학이 생성되는 모티브가 된다.

수학은 과학을 위한 하나의 인위적인 언어이다. 단순한 아라비아 수 체계, 십진법, 0의 발견과 역할 및 그 의미, 시간을 제대로 이해하고 표현하기 위한 인류의 노력에 이어, 미술과 건축에서 3차원 공간의 세계를 2차 평면으로 표현하기 위한 원근법의 발견, 하늘과 땅의 지도 작성에서 수학의 역할을 음미하는 계기가 충분히 된다.

원에서 상수인 원주율의 역사적 의의와 그 발전, 황금분할, 움직임을 수학으로 나타내기 위한 미·적분의 탄생 및 활용, 물질의 세계에서 파동, 입자를 포괄하는 양자역학에서 수학의 숨은 공로, 아인슈타인의 상대성 이론, 우연을 설명하기 위한 확률, 복잡계와 카오스 이론, 마침내 아날로그 세계를 넘어 1, 0의 바이나리 세계의 구현인 디지털 세계가 가능하도록 한 것이 수학임을 알게 된다.

세상을 수학으로 이루어지고 우리 자신의 이해, 사회, 자연, 우주를 올바르게 이해하기 위해서는 수학은 필수불가결한 존재이다.

이 작품에 등장하는 주요 수학에 관한 이야기를 몇 가지 측면에서 살펴보면 다음과 같다.

첫째, 수학에 관한 특성이 그것이다. 저자는 수학의 특성으로 0의 이해와 과학과의 관계를 설명한다. 우리가 진정으로 0을 이해할 수 있다면 시간의 시작부터 우주의 종말에 이르기까지 모든 것을 지배하는 물리의 법칙을 알게 될지도 모른다고 했으며, 수학은 모든 과학의 등뼈를 형성하는 동시에 우리 자신과 세계를 이해하고 설명하려는 학문이며 세상을 바라보는 강력한 수단을 제공한다고 설명한다.

둘째, 수학의 역할에 관한 사항들이다. 음악이 악보의 기호들을 사용해 아름다운 선율을 표현하는 것처럼, 수학은 수식과 도형을 이용해 자연의 숨은 질서를 보여준다. 또한 수학은 복잡한 현상을 가능한 한 가장 단순화시켜 세상을 바라본다. 이를 위해서는 기호, 숫자, 수식과 그래프가 단순성을 포착할 수 있는 유일한 방법임을, 수학자들은 연역법을 통해 추상적이고 합리적인 아름다움을 추구하는 것임도 밝히고 있다

갈릴레이는 수학과 성경은 신의 위대함을 보여주는 서로 다른 징표라고 했다. 자연을 설명하는 언어로 수학을 사용했고, 기하학적 모형과 수학적 관계를 통해 우주언어를 해독하는 실마리 제공하였으

며, 이는 실험과 관찰을 통해 과학의 튼튼한 기초 마련했다고 그 역할에 대해 강조하였다.

셋째, 이 책에서 서술되고 있는 수학 제 분야에 대한 설명과 그 의의를 고려해 보자. 과거 그리스 시대에는 필수교과목이 문법, 수사학, 논리, 기하, 산술, 천문학, 음악으로 논리, 기하, 산술이 들어가 있어 수학이 매우 높은 위치를 점하고 있음을 알 수 있다. 먼저 대수 영역인데, 대수란 숫자들 사이의 연관성을 연구하는 것이며(동양에서 음수의 개념이 등장: 음양론의 영향으로 '구장산술'에서 양수, 음수가 등장함), 해석학은 데카르트의 발상(파리가 체크무늬에 움직이는 관찰을 통해 형상화한 것으로 한 쌍의 수가 평면 위에 있는 점의 위치를 정확히 결정한다는 아이디어를 활용)에 의해 대수학과 기하학의 통합이 이루어져 해석학이 발생했다. 이 좌표 개념은 거의 모든 것을 수학으로 체계화하는데 기여하였으며, 수학이란 언어로 물리적 세계를 표현할 수 있다는 증명을 시도한 시도였다.

미적분 분야로서 속도는 방향의 변화를 전제한 아이디어 구현으로 아주 잘게 나눈다는 의미로 어떤 순간에서의 변화율을 구하기 위한 수학적 기법의 일환으로 순간변화율 개념을 활용한 것이 미분이며, 이는 운동은 공간상의 위치에 대한 시간의 변화의 특성을 고려한 분야이다.

다음으로 확률 분야로서, 확률이론은 엄청나게 많은 실험결과에 대한 정보를 제공하는 것이지 특정 실험의 결과를 예측할 수 있는 것은 아니라는 특성을 보인다. 측정횟수가 많을수록 평균 분포는 정규분포 곡선에 가까운 모양을 형성한다. 정확한 결정을 내릴 수 없는 상황에서 사람들은 어떤 특정한 결론이 나올 확률을 계산하여 실질적인 문제를 해결하려 시도하는데 통계와 확률이 우리의 삶과 밀접함을 보여준다.

카오스 이론은 불규칙하고 무질서해 보이는 현상 속에서 일정한 규칙을 알아내기 위해 고도의 수학적 방정식을 이용하는 것이다. 이에는 하위계층인 구성 요소에서는 보이지 않던 특성이 상위계층인 전체구조에서 돌연히 나타나는 현상의 하나인 창발성(emergence)이 그 특징이며, 생명체는 질서정연하게 운동하는 정적인 시스템이 아니라 급변하는 환경에서 불규칙하지만 역동적인 시스템을 갖는 카오스 상태를 갖는다고 한다. 한편 부분과 전체가 크기만 다를 뿐, 똑같은 모양이 무한히 계속되는 기하학적 구조인 프랙탈이 자연에 무수히 존재하며, 영국 해안선 길이가 재는 자의 크기에 따라 달라지는 분수의 프랙탈 차원의 개념이 등장하기도 한다.

넷째, 수학적 활용에 대한 내용들이다. 미술 작품세계의 구현과 관련지어 원근법(소실점)의 활용과 3차원 공간을 평면(캔버스)에 옮기는가 하는 문제의 해결을 제시하고, 천체학에서 움직이는 물체를 지배하는 법칙과 수학과의 놀랄만한 연관성(타원 운동의 법칙 : 캐플러)으로 < 태양과 행성의 거리의 세제곱/ 1바퀴 도는데 걸리는 시간의 제곱 > = 일정한 상수임을 밝히는 점을 들고 있다.

시간의 추상적 개념에 수학의 활용 관점으로, 갈릴레이는 높은 곳에서 떨어지는 물체의 거리를 시간으로 나타내고, 뉴턴은 미분 개념을 활용하여 속도 = 거리/시간의 관계를 정립하여 미적분 개념은 곧 운동의 시간적 변화를 알기 위해 발명된 수학 도구임을 밝히고 있다.

수학은 지도제작에 활용되는데 이는 '투영과 축척'의 수학적 기법을 활용하여 광활한 공간의 압축 필요성을 해결 하는데 기여하고, 모든 지도는 면적의 크기와 위치, 방위 등을 정확하게 표현하기 위해 다양한 방법으로 균형을 취하려는 노력의 결과에 기여한 공로가 수학에게 있다.

수학과 음악의 관계를 다음과 같이 삼각수로 설명한다. 곧 열 개의 조약돌이 삼각형을 이룰 때 밑변이 4인 수로 이루어져 있으며, 이를 '테트락티스'(10으로 완성의 의미)이며 바닥에 있는 4라는 수는 정의와 질서를 의미하며, 차원과 관련하여 다음과 같이 제시한다.

한편 이들 수학적 아이디어와 세계관과의 관계를 정립하고자 했다. 과거 고전적 세계관은 원인을 알면 결과를 예측할 수 있으며, 구성요소들을 모두 합하면 전체가 된다는 믿음을 토대로 하며 복잡하고 다양한 현상을 관찰을 통해 동일성과 단순성을 추구하였다.

반면에 오늘날 세계는 그 반대의 사유로 단순한 구조에서 출발하여 다양하고 복잡한 세계의 이해를 주로 하는 복잡성 과학을 추구하는바, 이는 개발주체들의 관계와 소통이 어우러진 세상으로 전체는 부분들의 합보다 크다는 세계관을 추구한다. 그 사례로는 인간을 분해하면 화학적 요소들로 나누어지게 되지만, 이것들을 다 모아도 인간의 생명이 되지는 않는다는 것으로 설명한다.

03

대지
- 원과 관련한 이야기: 인간에게 얼마의 땅이 필요한가? -

러시아 작가의 작품 '대지' 내용을 간략히 소개하고 수학적 아이디어와 연결시켜 보자. 어떤 영주가 농부를 데리고 시베리아 벌판으로 데리고 가서 '오늘 해가 뜨는 순간부터 해가 질 때까지 당신이 달린 경계 안의 땅은 네 소유로 해 주겠다.' 이에 농부는 힘껏 앞만 보고 달려가다가 90도 꺾어 달리는 방식으로 해가 질 무렵에 처음 출발한 장소 가까이 왔다. 마지막 전력질주를 하여 도착은 했지만 마지막을 숨을 거두었다. 그리고 그 자리에 1평짜리 무덤이 생기고 무덤 위에 농부의 모자가 놓였다.

이 문제는 달린 거리가 어떤 도형의 둘레의 길이라고 한다면 그 안의 넓이가 가장 넓은 도형은 원이 된다. 사각형이라는 단서가 붙는다면 정사각형이 될 것이고, 이는 산술평균(둘레의 길이에 해당)이 기하평균(곱인 넓이)보다 크다는 의미를 나타낸다. 이는 등주문제로 이어지며 그 대표적인 도형인 원의 성질을 탐구하는 계기를 줄 것이다.

이 이야기의 교훈은 자신의 능력을 정확히 판단하고 실행에 옮기기 전에 생각하고 고민해서 그 결과에 따라 실행에 옮겨야 한다. 무엇보다 자신의 목숨으로 땅을 사후에 가진다면 본인에게는 아무런 의미가 없다. 그래서 사후까지 곧 마지막까지를 생각해야 한다는 점이다. 나아가 자신에게 필요한 땅은 1평 정도의 무덤에 지나지 않으므로 최선을 다하며 더불어 살아가는 인간이 되는 것이 궁극적인 교훈에 해당할 것이다.

04

파이(π)의 즐거움

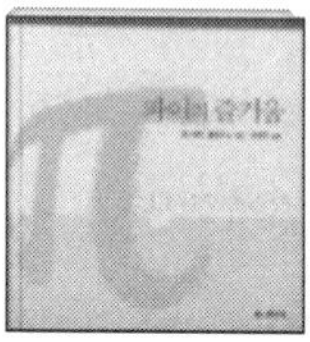

◆ ◆ ◆

자연에는 원이 자연스럽게 포함되어 있으며, 인류는 원의 둘레와 지름의 비인 원주율 π를 제대로 이해하고 계산하기 위해 다양한 접근과 방법들을 고안하고, 컴퓨터까지 동원해서 정확하게 나타내고자 노력해 왔다. 원주율 π 기호에 대한 고찰, 파이의 본성에 대해서도 다양한 접근과 함께 설명을 시도하고 있다. 이러한 과정에서 나타나는 인간애에 대한 설명이 등장하는 흥미진진한 얘기이다. 자연에게 완전한 원과 인간이 추구하는 완전한 형태인 정사각형 사이의 관계에 대한 탐구는 자와 컴퍼스만으로 원의 넓이에 해당하는 정사각형의 작도는 불가능하지만 많은 수학자들은 이 관계를 무수히 도전하고 그 의미를 밝히고자 하였다.

π는 원주율이나 원의 넓이(πr^2), 구의 부피 ($\frac{3}{4}\pi r^3$)와 관련된 곳에서만 등장하는 것은 아니다. 진자의 주기, 하이젠베르그의 불확정성의 원리에 등장하며, 정규분포와 관련된 가우스 적분이나 무한급

수의 합을 간단히 나타내는 데에도 등장한다.

$$T = 2\pi\sqrt{\frac{L}{g}}$$ (진자의 주기)

$$\triangle x \triangle p \geq \frac{h}{4\pi}$$ (하이젠베르그의 불확정성의 원리)

$$\int_{-\infty}^{\infty} e^{-x^2}dx = \sqrt{\pi}$$ (Gauss 적분)

$$\frac{1}{1} + \frac{1}{2^2} + \frac{1}{3^2} + \frac{1}{4^2} + \ldots + \frac{1}{n^2} + \ldots = \frac{\pi^2}{6}$$ (무한급수의 합)

아르키메데스의 π에 대한 근사값을 구하는 방법

아르키메데스는 주어진 원에 내접하는 정다각형과 외접하는 정다각형의 둘리를 구하는 공식을 이용하여 π에 대한 근사 값을 구하였다. 다각형의 모서리 수를 12 → 24 → 48 → 96개까지 증가시키면서 π의 범위가 $3\frac{10}{71} < \pi < 3\frac{1}{7}$임을 밝혔다.

π로 모든 정보를 표현 가능하다

이 π는 이 세상 모든 정보를 담고 있다고 할 수 있다. 다음과 같은 논리를 전개시켜 보자.

곧 : 01-a, 02-b, ... 26-z, 27-1, ... 99까지 대응되는 기호 설정하고 이들 99개의 코드로 모든 것을 표현하는 기본 요소로 대응하자.

그러면 π는 순환하지 않는 무한소수이기 때문에 그 어떠한 작품(정보)이라도 주어진 코드로 일치하는 부분을 찾을 수 있게 된다. 1 : 1 대응이 되는 것을 찾을 수 있게 된다는 의미이다. 그러므로 π이 하나의 본질만 꿰뚫는다면 지식의 총체가 될 수 있다고 주장하는 것이 억지스러운 것만은 아닐 것이다.

05

수학으로 이루어진 세상

수학은 우리가 살고 있는 세상에 관한 것이며, 우리의 사유에 관한 것이다. 곧 수학은 삶에 관한 것이며, 숫자 이상의 것을 나타내 준다. 또한 수학은 상상력을 동원해 우리 두뇌 속에 그리도록 하는 학문이며, 수학을 잘 한다는 것은 새로운 방식으로 세상이나 사물을 볼 수 있느냐에 관련한 문제와 연관된다.

수학자는 자신의 생각을 수학의 언어로 표현한다. 나아가 과학이라는 학문세계는 이 수학의 언어로 물체나 이치를 아름답고 우아하며 적절하게 표현해 내는 것이다. 수학자는 음악가들이 악보를 보고 음악을 생각하고 듣는 것처럼 수학기호를 통해 그 기호의 패턴을 지각하는 데 있다.

저자가 애기하는 몇 가지 수학에 관한 이야기를 소개하면 다음과 같다.

- 계산의 목적은 통찰이지 숫자가 아니다.
- 수학은 보이지 않는 것을 보이게 만드는 또 다른 기회를 제공한다.

- 수학은 변화를 형식화하고 개념화함으로써 나아가야 할 방향, 원인, 과정에 대해 알려주는 중요한 도구이다.
- 수학은 역동적인 성장의 다양한 영역들을 통합하고 스스로 변화시켜주는 도구이다.
- 수학은 단지 오래된 규칙에 따라 기호를 조작하는 것이 아니라 실제 세상의 패턴을 이해하는 학문이다. 그 패턴은 자연, 생명, 아름다움, 사회에 대한 것이다.

궁극적으로 수학은 매우 많은 일(바이러스의 인체 공격, 표범의 얼룩무늬 생성 이유, 운동선수의 능력 개선 방법, 미래의 예측, 세계경제를 이해하는 것, 지도를 그리는 일, 복잡한 식을 계산하는 기계의 설계 등)들을 도와줄 뿐만 아니라, 보이지 않는 것을 볼 수 있는 방법을 제공해 준다.

추천사 중 하나를 소개하면 "이 책은 수학의 아름다움에 대해 교훈적이면서 계몽적인 책이다."라고 소개하고 있다.

06

수학대소동

주인공 샘과 제레미가 "수학이 없는 세상은 음악이 없는 세상처럼 끔찍하다는 것"을 보여주는 이야기로, 실생활 곳곳에서 수학이 어떠한 모습으로 등장하고 어떤 역할을 하는지를 알게 해 준다.

어느 날 수학을 더 이상 가르치지 않겠다는 교육부 장관의 발표에, 아무것도 모르는 모든 사람들은 환호하지만, 오직 샘과 제레미만이 의롭게, 이에 맞서 힘든 싸움을 벌인다. 아이들이 수학의 신비를 하나씩 벗겨 보여주는 장면들은 마치 탐정소설 같이 흥미진진하다.

먼저 수학의 정의는 수학은 수량, 형태, 공간이 서로 관련이 있으며 패턴을 탐구하는 학문이라고 소개하고, 수학은 어느 곳에서나 어느 사물에나 존재하고 모든 사람들이 사용하는 것이다라고 이 책에서는 먼저 제시하고 있다.

마침내 샘은 교육부 장관과 내기를 한다. 만일 장관을 설득하지 못한다면 장관의 사무실을 청소하는데, 첫 날은 100원, 둘째 날은 200원, 셋째 날은 400원, 곧 그 전날의 배의 돈만 받고 일하겠다고 한다. 과연 샘은 어떻게 될까?

이제 샘은 교육부 장관을 설득하기 위해 학교 주변에 있는 것들에서 수학을 찾아 설명한다. 자전거, 스포츠 경기, 예술, 자연, 숫자패턴들에서 수학의 실례를 보여준다.

첫째, 자전거에는 가장 튼튼한 도형 구조물인 삼각형, 기어모양은 타원형을 이루고, 페달과 기어와 체인의 구성이 곧 수학적 산물임을 애기한다.

둘째, 스포츠 경기의 사례로 각종 스포츠 경기에서는 각도, 포물선 원리, 모든 스포츠 경기를 제대로 관람하고 그 의미를 구현하기 위해서는 통계 숫자를 사용하여 나타낸다.

셋째, 예술 영역에서 수학의 활용이다. 예술에는 수학이 숨겨 있다. 에셔의 작품은 테설레이션을 활용했으며, 많은 미술품들은 어디에서 보느냐에 따라 물체의 크기와 형태가 변하는 성질을 이용하여 원근법, 소실점 등의 수학적 사실을 활용한다. 음악에는 박자, 음계의 패턴, 현의 길이의 비율 등을 활용한다.

넷째, 자연을 이해하는 데는 삼각법을 활용해 거리나 도착시기 등을 알아내고, 로그나선에는 1.618이라는 황금비가 존재하며, 해바라기, 식물 잎 등에는 피보나치수열이 들어 있으며, 번개, 고사리 등에는 프렉탈의 구조가 숨겨 있다.

다섯째, 다양한 숫자패턴들이 그것이다. 하나의 파스칼의 삼각형에는 삼각수, 사각수, 피보나치수열, 2진수 등이 있으며, 각종 정보를 보호하기 위한 암호를 만들기 위한 소수 등이 있다.

이와 같이 수많은 사건이나 일상생활 장면에 수학은 알게 모르게 숨겨져 있다. 이를 배우지 않는다면 문명의 퇴보는 물론 그 어떤 약속이나 규칙도 이루어지지 않을 것이라는 사실을 분명하게 샘은 제시하고 있다.

무엇보다 만일 장관을 설득하지 못한 경우, 한 달만 일한다고 가정하고 앞선 약속을 이행한다고 가정하여 이를 계산해 보면 다음과 같다.

이 과정을 수식으로 나타내면

$$1+2+2^2+\ldots+2^{29}=\frac{2^{30}-1}{2-1}\times 100=107,374,182,300$$

으로 약 1천억이 된다. 그 다음 달 첫날은 2천억, ...

그리하여 장관은 마침내 수학을 가르치지 않겠다는 공표를 철회하고 만다.

07

조선의 수학자 홍정하

이 책은 조선 후기 우리나라 산학 관련 상황 및 국제관계 이해를 중심으로 전개한 소설이다. 중국의 사신 중 산학학자가 당시 명의 산학이 조선보다는 월등히 높다는 것을 자랑하기 위해 제시하는 문제를 당시 우리나라 산학자가 이에 대응하여 대등하거나 더 높은 경지에 있었다는 사료를 바탕으로 작성한 소설이다. 이 책에는 당시 산학에 대한 설명과 관련 문제, 문화 등이 소개되어 있어 조선시대 수학 상황을 이해할 수 있는 좋은 자료이기도 하다.

먼저 조선시대 산학에 대한 설명 부분을 소개하면 다음과 같다.

조선시대 산학관련 부분으로 산학기술관 설명과 산학취재(산학자를 뽑는 과거시험)과 종6품 벼슬인 산학청별제에 대한 설명이 등장한다. 당시 산학책으로 묵사집산법(경선정), 구수략(최석정), 산학계몽, 상명산법, 유수석의 구고술도해 등이 소개되어 있다. 산학학습 교구로 산가지(가는 대나 뼈를 젓가락처럼 만들어 수효를 셈하는 데 쓰는 물건)가 나오는데 이는 노자의 도덕경에도 등장한다. 그리고 산가지를 활용한 덧셈, 뺄셈 등이 소개되어 있고 홍정하가 작성한 구일집(천, 지, 인 각 3권씩)

에 대한 설명도 등장한다.

다음으로 당시 수학 활용 문제에 대해 소개하면 다음과 같다. 당시 수학은 실용적으로 활용되었는데 논밭의 넓이, 경비를 구하는 문제, 나이 관계 등으로 소개하고 있다. 이를 구체적으로 살펴보면, 첫째 도형 넓이와 관련한 문제로 사다리꼴(정사각형으로 분할) 논 넓이와 수확량을 구하기 위해 꽃배미 논 넓이 재기의 문제, 정사각형 넓이가 225방자이면 한 변은 15자이며, 두 개의 정사각형 넓이가 468평 방자, 두 정사각형 변의 차이가 6자이면 각각 정사각형의 한 변의 길이가 18자, 12자임을 밝히고 있다. 또한 밑변 67.2자 높이 75.4자 직각 삼각형 빗변 길이는 101자임도 제시하고 있다.

둘째, 곱셈적 상황의 예제는 '쌀이 575섬 9말, 한 말의 값이 은 5푼이라면 → 287냥 9전 5푼', '360명이 은 1냥 8전식이면 648냥' 등의 문제가 등장한다.

셋째, 규칙성 탐구의 문제로는 "첫째 날 1알의 약을 먹고, 하루가 지날 때마다 한 알 씩 더 먹으면서 보름을 보내고, 이후에는 반대로 하루가 지날 때마다 한 알 씩 덜 먹으면서 가면 약은 모두 몇 알인가?"라는 문제를 예시로 밝히고 있는데 이는 수학으로 나타내면,

'$(1+2+3+ \ \dots \ +15+15+14+ \ \dots \ +1 = 16\times15 = 240$알'에 해당된다.

넷째, 대수 또는 방정식 문제로, "갑과 을, 갑에게 을의 나이 8살을 주면 갑은 을의 나이 2배가 된다. 그리고 을에게 갑의 나이 8살을 주면 갑과 을은 나이가 같아진다." 갑·을 각 각 나이는? 이를 수식으로 나타내면 다음과 같다.

$$a+8=2(b-8), \quad b+8=a-8, \quad a=56, \quad b=40$$

또 다른 문제로서, "세 사람이 한 그릇의 밥을 먹고 네 사람이 한 그릇의 국을 먹고 다섯 사람이 한 그릇의 고기를 같이 먹었더니, 그릇수가 모두 94개였다. 손님수와 밥, 국, 고기 그릇 수는 각각 얼마인가?"의 문제로, 이를 수식으로 나타내면

$3 \times 3 \times 5 \times 94 = 5640$

$5640 \div 47 = 120$

12, 15, 20을 모두 더하면 47

120명의 손님이며 밥 그릇 수는 40개, 국 그릇 수는 30개, 고기 그릇 수는 24개 된다.

일상적으로 사용하는 수에는 나이, 키, 정답률, 항렬 및 촌수, 시간 등에 있으며, 동이의 관찰에 의한 어머니 장사 외상값 계산, 거리를 알아내기 위해 보폭의 활용으로부터 대나무 자를 활용하는 것, 밥에서 잡곡 비율 계산, 10차 마방진에 대한 내용이 언급된다. 산학의 활용은 현실생활도움을 주며 세금의 공평성에도 기여한다고 밝히고 있다.

수학학습 관련 사항으로는 교사가 아이들(동이)에게 "일은 세로로 십은 가로로 백은 세우고 천은 넘어졌네. 천과 십은 서로 바라보고 만과 백은 서로 같은 모양"과 산가지 활용에 대해 가르치고 있다. 학문자체의 즐거움(산학분야의 문제 해결의 기쁨)을 표현하고 나아가 세상을 살아가는 지혜의 학습을 강조하며, 문제의 힘겨운 풀이과정과 삶과의 동치, 포기하지 않고 노력하다 보면 어느 순간 매듭이 풀리듯 풀리는 것도 인생과 비슷함도 밝히고 있다.

08

하노이탑의 수학적 의미
- 2의 거듭제곱(2^n)과 관련한 내용

베트남 하노이에 전해오는 전설을 소개해 보자. 하나의 원판을 한 번에 작은 원판이 큰 원판에만 옮길 수 있도록 하는 규칙을 갖는 것으로 하노이의 탑에는 64개의 원판을 옮기는 상황을 제시한다. 64개의 탑 옮기기의 세계는 불가능한 시간을 요구하며, 이는 최소의 이동 횟수를 고려하는 경제성에 입각한 실천의 문제이다.

수많은 문학작품들에서는 욕심 많은 인간에게 지혜로 대결하는 이를 모티브로 하는 그러한 장면으로 소개된다. 예를 들어 체스 판에다 쌀을 예로 들어 하루 1알, 다음날 2알, 4알, ... 이렇게 지속적으로 해가면 열흘 정도까지 한 줌 정도 밖에 되지 않지만 한 달만 된다면 어지간한 부자는 자신이 가진 모든 것을 주어야, 문제를 해결되는 그러한 삶의 지혜를 준다 할 것이다. 작은 것이 모여 큰 것이 이루어지기 때문에, 소탐대실하는 그러한 우는 범하지 말아야 할 것이다.

하노이의 탑은 퍼즐의 일종이다. 세 개의 기둥과 이 기둥에 꽂을 수 있는 크기가 다양한 원판이 있고, 퍼즐을 시작하기 전에는 한 기둥에 원판들이 작은 것이 위에 있도록 순서대로 쌓여 있다.

게임의 목적은 다음 두 가지 조건을 만족시키면서, 한 기둥에 꽂힌 원판들을 그 순서 그대로 다른 기둥으로 옮겨서 다시 쌓는 것이다.

1. 한 번에 하나의 원판만 옮길 수 있다.
2. 큰 원판이 작은 원판위에 있어서는 안 된다.

하노이의 탑 문제는 재귀를 이용하여 풀 수 있는 가장 유명한 예제 중의 하나이다. 그렇기 때문에 프로그래밍 수업이나 알고리즘 예제로 많이 사용한다.

하노이 탑을 옮기는 규칙은 작은 원판이 큰 원판 위에 오도록 해야 한다는 것이다. 그렇게 해서 왼쪽에 있는 원판들을 모두 세 번째 기둥으로 옮겨야 한다.

우선, 최소이동횟수를 1개일 때부터 직접 구해보면, 원판인 1개일 때는 1번, 2개일 때는 3번, 3개일 때는 7번이다. 4개일 때는 15번이다. 5개부터는 다소 복잡하므로 이 세 가지를 가지고 공식을 만들어 보기로 하자.

$a_1 = 1$, $a_2 = 3$, $a_3 = 7$, $a_4 = 15$이므로 네 값을 가지고 일반화를 시켜보면, '$a_{n+1} = 2a_n + 1$'과 같은 일반화 된 공식을 얻을 수 있다. 그러므로 원판의 개수에 따른 최소이동횟수는 [표1]과 같음을 알 수

있다.

원판의 개수	최소이동횟수
1개	1번
2개	3번
3개	7번
4개	15번
5개	31번
6개	63번
7개	127번
8개	255번
9개	511번
10개	1023번

왼쪽 표에 나온 최소이동횟수에 따라 원판을 옮기려면 일정한 규칙을 발견할 수 있다. 시작할 때 원판의 개수가 짝수이면 가장 위의 원판을 가운데로 옮기고, 홀수이면 세 번째 기둥으로 옮긴다. 또한 진행하는 도중 가운데 기둥이나 세 번째 기둥에서 옮기고자 하는 원반이 홀수개가 남아 있으면 가장 위의 원판을 방금 옮긴 원판의 위로 이동하고, 짝수개가 남아 있으면 방금 옮긴 원판이 있는 기둥과 현재 위치한 기둥 외에 남은 하나의 기둥으로 이동시켜야 한다.

하노이 탑을 옮기는 과정에서는 귀납적으로 연쇄 고리를 형성한다. n 개의 하노이 탑을 옮기기 위해서는 (n−1)개를 먼저 옮기고 마지막 큰 것을 옮기고 다시 (n−1)개를 큰 것 위에다 갖다 놓아야 완성된다. 그러한 이유에서 '$a_{n+1} = 2a_n + 1$'라는 점화식이 완성된다.

한편 $a_n = 2^n - 1$을 형성하는데 이는 1, 2, 4, ... 2^{n-1}개를 합하는 것과 같은데 이것은 큰 것 순서로 최소 옮기는 개수에 해당되며, 이는 초항이 1이고 공비가 2인 n개 항의 등비수열의 합이다. 이와 같이 조작행위를 하면서 많은 수학적 아이디어의 결합이라는 관점과 하나 하나 행위를 반성해 볼 때 그러한 생각이 유추되고 통합된다.

09

베르나르 작품 세계

베르나르는 자기의 장르에서 이 시대 최고의 평가를 받는 작가들 중 하나이다. 혹자는 베르나르 작품의 장르를 공상과학물로 보는데 이는 맞기도 하지만 전적으로 동의할 수는 없는 부분이다. 베르나르가 과학적 사실을 토대로 공상 세계에 대해 이야기하기에 공상과학물이지만, 그 안에 상당히 많은 실재 우리 이야기가 담겨 있고 과학적 사실과 자신의 상상력을 자랑하기 위해서만 만들어진 소설이 아니기에 그저 공상과학물로 치부하기엔 아쉬움이 있다.

물론 공상과학물을 폄하하는 것은 아니지만 베르나르의 최근 소설은 과학과 공상을 도구로 하는 우화의 느낌을 주기에 공상과학물이 아니지 않느냐는 생각이다. 그의 소설 '뇌' 또한 공상 과학적인 요소를 많이 가지고 있지만 인간의 감정과 목표에 대한 심도 있는 성찰을 하게 되는 소설이다.

베르나르의 소설에서 상당히 인상 깊은 점은 바로 엄청난 지식이다. 과학적 지식뿐만 아니라 인문학적 지식도 많이 스며들어 있어 소설의 깊이를 더한다. 이 방대한 지식은 그가 저작한 '상상력 사전'에서도 볼 수 있는데 이 책은 일종의 백과사전으로 그가 알고 있는 과학적, 인문학적 지식과 그 지식들로 다시 그가 재창조한 지적 성찰을 싣고 있다. 결국 그의 창조의 근원은 이미 존재했던 과거의 지식이고 그는 루트번스타인 부부가 '생각의 도구'로 제시했던 '관찰'을 통해 자기의 환상과 결합하여 새로운 자기만의 세계를 창조했던 것이다.

베르나르의 창조물에는 관찰뿐만 아니라 루트번스타인 부부가 제시한 다른 생각의 도구의 흔적이 많이 남아있다. 가령 '개미'라는 희대의 역작에는 개미에 대한 그의 관찰뿐만 아니라 개미의 행동에서 패턴을 인식하고 다시 개미의 삶에서 우리의 삶과의 유사성을 찾아 유추함이 담겨있다. 또한 작가가 개미에 대해 감정이입 함으로써 개미들의 삶을 그려 낼 수 있었다. '뇌'란 작품 또한 인간 행동과 감정에 대한 심도 있는 관찰과 다른 사람들에 대한 감정이입이 있어야만 가능한 상상을 담고 있다. 혹자는 그의 스토리가 후반부에서 급격히 느슨해지고 결말이 형편없다는 말로 비난하지만 그럼에도 불구하고 많은 독자들이 그의 소설에 매료되는 것은 그가 생각의 도구로 창조한 새로운 세계가 매우 흥미롭기 때문일 것이다. 결국 생각의 도구를 통해 자신만의 세상을 구축하고 이를 효과적인 상징적 도구들로 표현하는 능력 이것이 루트번스타인 부부가 말한 '생산적 사고의 힘'이라고 볼 수 있다.

루트번스타인 부부의 '생각의 탄생'이라는 책에서 창조를 위한 사고, 즉 창의성을 이끌어 내는 과정을 작가는 생산적 사고라 보고 있다. 또한 작가는 이 생산적 사고에 대하여 내적 상상과 외적 경험이 일치할 때 비로소 가능해 진다고 보고 있다. 결국 생산적 사고란 환상과 실재 사이에 다리를 놓는 작업이라고 볼 수 있다. 이 환상과 실재의 결합을 위해 필요한 것을 작가는 생각의 도구라고 칭한다.

그리고 책에서 제시한 생각의 도구는 총 13가지로 관찰, 형상화, 추상화, 패턴인식, 패턴형성, 유추, 몸으로 생각하기, 감정이입, 모형

만들기, 놀이, 변형, 통합이다. 이 책은 이 13가지의 생각의 도구에 대한 방법론적 설명과 그 사례들을 제시하고 있다. 작가는 다양한 분야에서 자신의 이름을 후대 남긴 자들 즉, 우리가 천재라 칭하는 사람들의 실제 발언이나 일화를 통하여 이 생각의 도구들이 어떻게 쓰이고 있고 얼마나 효과적인지 제시하고 있다. 이 생각의 도구들은 우리도 익히 잘 알고 있는 발견이나 창작이 어떻게 이루어 졌는지 보여주고 있다. 상대성 이론이나 벤젠의 발견, 베토벤과 바라로티의 음악, 피카소와 뒤샹의 작품, 버지니아 울프와 서미싯 몸의 글의 창작과정에서 작가가 제시한 생각이 도구들이 어떻게 적용되어 왔는지 따라가다 보면 창조적인 사람들이 어떠한 사고를 하고 있고 또한 그 사고를 어떻게 해야 되는지 인지하게 된다.

10

모모

책은 이렇게 소개하고 있다. '아무튼 모모에게 가 보게!' 이 말은 인근 마을 사람들이 으레 하는 일상어가 되어 버렸다. 도대체 왜 그랬을까? 모모가 누구에게나 좋은 충고를 해 줄 수 있을 만큼 똑똑하기 때문에? 위로를 받고 싶어 하는 사람에게 꼭 맞는 말을 해 줄 수 있기 때문에? 현명하고 공정한 판단을 내릴 줄 알았기 때문에? 그 어느 것도 아니었다. 꼬마 모모는 그 누구도 따라갈 수 없는 재주를 갖고 있었다. 그것은 바로 다른 사람의 말을 들어 주는 재주였다. 모모는, 결정을 내리지 못하거나 어떻게 해야 할지 모르는 사람들이 문득 자신이 무엇을 원하는지 정확하게 알 수 있게끔, 그렇게 귀 기울여 들을 줄 알았다.

내 인생은 실패했고 아무 의미도 없다, 나는 전혀 중요하지 않은 사람이다. 마치 망가진 냄비처럼 언제라도 다른 사람으로 대치될 수 있는 그저 그런 수백만의 평범한 사람 가운데 한 사람에 불과하다, 이렇게 생각하는 사람은 모모를 찾아와 속마음을 털어 놓았다. 그러면 그 사람은 말을 하는 중에 어느새 자기가 근본적으로 잘못 생각하고 있었다는 사실을 깨닫게 되었다. '지금 있는 그대로의 나와 같은 사람은 이 세상에 단 한 사람도 없다. 그렇게 때문에 나는 나만의 독특한 방식으로, 이 세상에서 소중한 존재다.' 이런 사실을 깨닫게 되는 것이었다. 모모는 그렇게 귀 기울여 들을 줄 알았다.' 그렇다. 모모는 이렇게 '온 맘을 다해 진심으로 상대방의 말을 귀 기울여 들을 줄 아는 능력'이 있었던 것이다. 그리고 이러한 능력으로 여러 사람들의 문제를 해결해주고, 생각을 바꿔주기 같은 도움을 주면서 살아가게 된 것이다.

이것을 깨닫고 한 편으론 신기하고 좋았지만 또 한 편으론 몹시 씁쓸해졌다. 모모에게는 훌륭한 들어주는 능력이 있었고 그것을 발견한 사람들은 바로 마을 사람들이었다. 모모가 다른 사람의 말을 아무리 잘 들어준다고 해도 모모에게 이야기를 하러 오는 사람이 없다면, 모모의 능력은 알지만 모모가 산수나 국어 즉, 우리 생활에서 지능측정에 수단이 되는 과목들을 못 한다고 무시하고 이야기를 하러 오지 않는다면 과연 모모의 들어주는 능력이 빛을 볼 수 있었을까? 내 대답은 바로 '아니다'이다. 모모의 잘 들어주는 능력을 인정해주고 믿고 이야기하는 사람이 있어야만 하는 것이다. 이렇게 모모에게는 그 역할을 해 주는 마을 사람들이 있었다. 그랬기에 그 능력이 빛을 볼 수 있었던 것이다. 내가 씁쓸해 했던 이유도 이것이다.

요즘의 교육, 특히 우리나라에서의 교육은 모모에게 수학영재가 되라고 강요하고 있는 것이 아닐까? 모모는 들어주는 것을 가장 잘 한다. 그러니까 모모는 자신이 가장 잘하는 들어주는 능력을 가지고 남들에게 도움을 주면서 행복하게 살면 된다는 것이다. 모모에게 수학영재가 되라고 강요하는 것은 모모를 무척 괴롭게 하는 것일 뿐만 아니라 모모가 가장 잘하는 들어주는 능력까지도 죽일 수 있는 태도이며 절대 해서는 안 될 행동이다. 하지만 오늘날의 우리 교육은 모모에게 수학을 시키고, 베포에게 빠르게 신속하게 청소하라고 하며,

기기에게 천천히 말하고 허풍떨지 말라고 시키고 있는 것 같다. 그렇게 억지로 잘하지 못할게 분명한 일들을 시켜놓고는 그것으로 그 아이 자체를 판단하는 것이다. 이 얼마나 어처구니없는 일인가? 그리고 이 어처구니없는 일들이 지금 얼마나 많이 일어나고 있는가? 실로 안타까운 일이 아닐 수 없다.

물론 국어, 수학, 영어 등 우리가 지금 중시하고 있는 과목들이 중요하지 않다는 것이 아니다. 살아가는데 분명 알아야 하는 것이고 도움이 되는 것들을 몰라서는 안 되지만, 그러한 것들로만 판단 받고 그런 것들만 배워야하고 그 외에 것들은 인정받지 못하는 지금의 현실이 잘못 됐다는 것이다. 이렇게 우리는 얼마나 많은 모모들을, 모모의 그 능력들을 없애버린 것일까요? 모모의 능력을 알아주고 인정해주었던 동네사람들처럼 우리는 우리 아이들의 다양한 능력들을 알아봐주고 그것을 키우도록 노력해야 한다고 생각한다. 기기는 이야기를 할 때, 베포는 한 걸음씩 비질을 할 때, 모모는 다른 사람들의 이야기를 들어줄 때 기기이며, 베포이며, 모모이기 때문이다.

11

모파상의 '목걸이'

인간 허영심에 대한 수학적 시각, 인생의 긴 시간과 부(富)에 대한 수학적 고민

◆ ◆ ◆

'목걸이'라는 소설은 한 평범한 프랑스 여인의 인생을 교훈적으로 구성한 잘 알려진 이야기이다. 이 여인은 프랑스의 한 하급 관리(말단 공무원)의 아내로서 씀씀이가 헤프고 자신의 분수를 지킬 줄 모르는, 그런 인격이 성숙하지 못한 사람이다. 이야기는 이 여인의 남편이 상류 사회 사람들이 참석하는 유명한 파티의 초대권을 구하면서 시작된다. 이 허영심 많은 여인은 파티의 초대에 굉장히 기뻐하지만 이내 풀이 죽어버린다. 왜냐하면, 그런 높은 사람들이 참석하는 파티에 하고 갈만한 적당한 보석이 없었기 때문이다. 그녀가 가지고 있던 것은 모두 모조품들이었다. 고민하던 끝에 부유하게 사는 한 친구를 찾아가 사정을 설명하고 보석을 하나 빌려줄 것을 간절히 부탁한다. 그 친구는 흔쾌히 수락했고, 덕분에 이 여인은 아주 아름다운 목걸이를 하나 빌어 무도회에 참석하게 된다. 무도회에서 이 여인은 자신만만했고, 많은 남자들과 자신 있게 춤을 추며 가장 아름답게 자신을 표현할 수 있었다. 밤늦게 파티는 마쳤고, 이들 부부가 마차를 티고 집으로 돌아왔을 때 문제는 발생한다. 목걸이가 없어진 것이다! 부부는 밤새워 왔던 길을 돌아가며 찾지만 끝내 다시 목걸이를 발견하지는 못한다. 목걸이를 돌려주어야 할 때가 다가왔고, 이 부부는 큰 결심을 한다. 보석상에 찾아가 그와 똑같은 목걸이를 사서 돌려주고, 목걸이를 산 빚을 갚아나가기로 한 것이다. 목걸이의 가격은 예상했던 대로 엄청난 것이었고, 하급 관리인 그녀의 남편의 봉급으로는 평생을 일해야 할 만한 액수였다. 하지만 이 여인은 더 이상 푸념만 늘어놓고 주저앉아있지만은 않는다. 왜냐하면 이제 해결해야할 문제를 제대로 직시하고 있기 때문이다. 빚을 갚기 위해 여인의 남편은 물론 이 여인까지도 2개 3개의 일을 하며 열심히 살아간다. 그렇게 수십 년이 흐르고 드디어 그 목걸이의 빚을 다 갚을 때쯤 되었을 때, 세월은 그녀를 완전히 다른 사람으로 바꾸어 놓았다. 보통 말하는 '산전수전' 다 겪은 사람이 된 것이다(이야기의 저자가 그렇게 표현하기를 원한다). 일을 마치고 돌아오는 이 중년의 여인은 우연히 그 옛날 목걸이의 주인이었던 부자 친구를 만난다. 예전 같으면 자신의 초라한 모습으로 인해 숨거나 모른 척 했을 그녀이지만 이제는 사람이 달라졌다. 모진 세파 속에서 단련된 그녀에게 이제 더 이상 부(富)하지 못함으로 인한 수치심은 없었다. 그녀는 당당하게 친구에게 자신의 이제껏 살아온 이야기를 해주고, 그 때 파티 이후의 상황에 대해 말한다. 이 이야기에 이 친구는 자신이 빌려준 그 목걸이가 진짜가 아니었음을 말해준다. 그 역시 모조품이었던 것이다. 이 친구는 처음부터 모조품을 빌려준 것이었고, 받을 때도 원래 그 모조품 목걸이로 알고 받아 보관하고 있었던 것이다. 그리고는 그 목걸이를 다시 이 여인에게 돌려주었다. 보통 사람 같으면 참으로 허탈해할 내막이었지만, 이 여인은 그 친구를 원망하지 않았다. 도리어 지금의 자신의 모습에 만족하고 자랑스러워한다. 만일 그러한 사건이 없었더라면 자신은 평생 그런 허망한 사치심과 허영에 빠져 인생을 헛되이 살았으리라는 것이다.

목걸이 하나로 인해 전 인생의 모습이 완전히 달라진 한 여인의 이야기는 사실 처음 이 이야기를 접하는 이로 하여금 충분히 당황하게 만들 수 있다. 이 여인이 불쌍하고 측은해서일 수도 있겠지만, 평생 진짜라고 믿어온 사실, 그래서 그것 때문에 한 사람의 전 인생을 전소(全消; 消耗)하게끔 만들었던 그 이야기가 가짜였다는 사실, 어쩌면 듣는 이의 마음을 참 당혹스럽게 만드는 요인이 그런 곳에 있는지도 모르겠다. 그럼에도 불구하고 이 이야기가 여전히 고전으로서, 인간 사회의 아포리즘(격언)으로 남아있게끔 하는 중요한 이유 중 하나는 인생이라는 긴 시간과 부(富), 그리고 인간의 허영심에 대한 적절한 방정식 구조를 이 이야기가 제공하고 있기 때문이 아닌가 생각한다.

사람들은 요소들에 대하여는 확연히 구분할 줄 안다. 어떤 것이 있고, 어떤 다양한 종류로 이루어져 있는지 잘 알고 있다. 장님이 아닌 이상 세상살이에서 겪게 되는 경험과 세상을 구성하는 대상들에 대해 모를 수는 없다. 문제는 가치의 안배(분배)이다. 어느 곳에 어느 만큼의 비율로 가치를 부여할 것인가에 대해서는 어느 누구도 자신 있게 대답할 수 없을 것이다. 왜냐하면 그만큼 세상살이라는 것이 애매하고, 명확하게 답변하기 어려운 문제이기 때문일 것이다.

그런데 모파상은 이 문제에 대한 자기 나름의 해답과 구조를 '목걸이'라는 일상적인 이야기 형식을 통해 독자들에게 은근히 전한다. 곧 그가 제시하는 인생의 방정식이란 인생의 진지함이라는 측면에서 무엇을 더 우선시해야 할지를 고민하게 만드는 것이다. 평생 속아온 이 어리석은 여인의 모습이 처음에는 독자들의 비웃음과 혹은 동정의 대상이 될지 몰라도, 결국 자신만만한 독자들은 이 이야기의 여인이 경험한 방정식 구조에 의해 오히려 수정되고 교훈 받아야 할 대상으로 전락하게 된다.

평생을 속아왔음에도 불구하고, 당당하게 현실과 대면하는 여인의 모습이 독자들을 더욱 당혹스럽게 만드는 것이다. 인생의 진실함과 성실이라는 '해(혹은 根)'를 구하기 위해 이 여인은 자신의 허영이라는 역설적인 재료로 인생의 기나긴 시간의 귀납적 공간 속에서 고민하였다. 그리고 여인에게 발견되어진 그 인생의 진리는 다시금 인생의 모든 가치 — 富의 문제를 포함한 — 를 재조명하고 판별할 수 있는 기준으로서 존재하고 있다. 그런 의미에서 이 소설은 독자들에게 제시되어진 '삶의 진솔한 이야기'를 위한 모파상의 방정식 '해 구하기'이라 할 수 있을 것이다.

요즘과 같이 복잡한 세상에 어떻게 보면 단순하고 어리석기 이를 데 없는 이 이야기 속의 한 여인의 인생은 그럼에도 불구하고 큰 교훈적 가치를 지니고 있다. 자신이 속고 살아온 듯한 그런 역경의 시간들을 통해 이 여인은 역설적이게도 자신을 속이는 인간 사회의 거짓된 관계에서 진정으로 벗어날 수 있었으며, 자신의 왜곡된 껍질을 벗길 수 있었던 것이다.

이런 측면에서 볼 때, 모파상의 '목걸이'는 그의 소설에서 행한 대상들의 적절한 문학적 안배와 같이, '한 사람에게 너무나도 소중한 인생의 시간들에 대해 수학은 어떤 이야기를 할 수 있을까', 그리고 '더 나아가 인간 사회의 富와 그런 가치를 좇는 인간들의 허영심에 대한 수학적 고민은 과연 가능할까'하는 문제에 대해 수행한 나름의 '해 구하기'이다.

수들의 향연 관련 도서 소개

수의 역사적 고찰, 인간사적 의미 등을 정리 요약한 책들이 다양하게 출판되었다. 이들을 소개하면 다음과 같다.

❑ 지식과 상식을 넓혀주는 숫자여행 (문미화·오미영 지음, 아이디어)

'지식과 상식을 넓혀주는 숫자여행' 이 책은 순수하게 숫자만 가지고 만든 책으로 숫자에 얽힌 재미있는 이야기를 자아낸다. 우리 생활이나 경제, 역사, 문화, 영화 속의 다양한 숫자들을 발견하게 된다는 것을 밝히고 있다. 그 특징으로는.

첫째, 스포츠 경기 관련 내용으로 축구선수의 등번호, 야구 9회, 해트트릭, 볼링 핀 수 10개, 2년 징크스, 미식축구 10야드 등을 소개하고 그 의미를 소개한다.

둘째, 실생활 사례로는 식후 30분후 약복용, 애창곡 18번, 보신각종 33회, 공소시효 15년, 이상 수면시간 8시간, ph 7, 아홉수 등에 대해 언급하고 있다. 나아가 특수한 수 체계로는 주민등록번호, 바코드번호, 무지개색깔 7개, 5선지 악보 등에 대해 언급하고 있다.

셋째, 성경에 주로 등장하는 수로는 7의 사용, 666악마숫자, 13이라는 수에 대해 밝히고 있으며, 영화에서는 영화 용사 5명, 제5원소, 식스센스, 〈seven〉의 7 등의 사례로 그 상징성을 설명하고 있다.

❑ 영부터 무한대까지, 무엇이 수를 흥미롭게 만드는가

(Contance Reid 지음, 허민 옮김, 경문사)

이 책은 0에서 9까지 10개의 자연수(0을 최초의 자연수로 여김), e, 알레프(ℵ), 12개의 수에 대해 수학과 수론의 역사, 수에 고나한 신비주의적 관점에서 설명한 책이며, 0과 자연수, 유리수, 무리수의 역사적 발달과 그 의미를 되새기게 하는 계기가 된다.

❑ 인류문명을 지배한 상징적 기호, 수의 신비와 마법

(프란츠 칼 엔드레스·안네마리 쉼멜 지음, 오석균 옮김, 고려미디어)

이 책은 수의 체계와 역사, 수의 소사전(12에서 72까지, 1만까지의 수)으로 구성되어 있다. 다른 책에서 소개된 내용들이지만 하나 하나 수를 늘려 가면서 읽는 재미가 쏠쏠하게 느껴질 것이다.

❑ 숫자의 비밀 (오토 베츠 지음, 배진아·김혜진 옮김, 다시)

모든 숫자는 1에서부터 유래하여 무한대를 향해 흐르다 다시 1로 회귀하는 것이며, 숫자마다 특별한 비밀이 있다는 듯 전개한다. 1부에서는 매혹적인 숫자 1에서 10까지를(1-신의 수, 2-상생이면서 독립적인 존재의 수, 3-삼위일체 조화의 수, 4-균형과 안정의 수, 5-결합과 만남의 수, 6-인내를 통한 완성의 수, 7-완전함과 전체성의 수, 8-구원과 부활의 수, 9-완성·성취·당성의 수, 10-완성과 경계의 수), 2부에서는 11에서 2100까지 사이의 특별한 숫자, 3부에서는 숫자의 비밀에 대하여 자세히 설명하고 있다.

❑ **수학시트콤** (크리스토프 드뢰서 지음, 전대호 옮김, 해나무)

발칙한 상상으로 가득한 17가지 수학이 주 내용이며, 일상에 녹아 있는 작은 이야기를 구체적이고 생생한 묘사를 통해 '수학=이야기'라는 것을 말한다. 수학은 맥락과 상황이 있는 재미있는 이야기인 동시에 사회나 자연 현상을 이해하는 중요한 언어이다. 이 책에는 수의 상징과 의미에 대한 역사적인 이야기가 소개되어 있다.

❑ **숫자는 어떻게 세상을 지배하는가?**
(로렌즈 피오라몬티 지음, 박지훈 옮김, 더 좋은 책)
(부제 : 우리 사회를 위기로 몰아넣는 숫자의 교묘한 거짓말)

이 책에서는 우리가 주로 활용하는 신용등급, 교육수준, 기아지수 등에 대해 논하고 있으며, 나아가 정부와 연구 기관은 우리를 둘러싼 세계에 대한 숫자를 양산하고 있으므로 주의를 요하며, 통계, 숫자가 만든 불편한 진실에 대한 고발하고 있다.
지금 세상을 움직이고 있는 많은 숫자가 인간의 사회·정치적 삶을 좌우하는 자본 시장의 힘을 강화시키는 한편, 대중의 참가와 이성적 토론을 무력화시키고 있다고 하며, 통계의 사용은 현대국가의 특징이며, 세금을 걷어 공공 기반시설을 건설한 1800년 대 이후 두드러진 현상임을 우리는 알아야 한다고 제시한다.

지은이 **김상룡** 저/자/소/개

- 경북대학교 자연과학대학 통계학과
- 경북대학교 대학원 통계학 전공
- 이학박사
- 현재 대구교육대학교 수학교육과 교수
- 대표저서 : 내 마음 속의 수학풍경 (2011)
  생활과 수학의 만남(2003)
- E-mail : slkim@dnue.ac.kr

수학과 문학의 만남

초판발행 2020년 1월 30일
지은이 김상룡
펴낸이 오판근
펴낸곳 (주) 교우
주 소 서울시 동대문구 약령시로 8 교우빌딩 2층 (주)교우
전 화 02-925-2861 / **팩 스** 02-925-2860, **편집부** 02-925-2825
홈페이지&북스토어 www.kyowoo.co.kr / **이메일** kyowoo@kyowoo.co.kr
등 록 1994년 3월 24일 제1994-000013호
ISBN 979-11-251-0311-0 (93410)

(주) 교우는 보다 혁신적이고 참신한 도서를 다양하게 기획하고 있습니다.
책으로 펴내고자 하는 아이디어나 원고는 메일로 보내주세요.
(주) 교우는 전과정을 책임지고 최선을 다하겠습니다.

값 15,000원

교우미디어는 (주) 교우의 Imprint 사입니다.
수학정원·과학정원은 (주) 교우의 새로운 브랜드명입니다.

잘못된 책은 구입하신 서점에서 교환해 드립니다.